【绿色生活系列】

吃不够忘不掉的100道鱼虾料理

【韩】宋允亨 著
韩晓 张园园 译

按照菜谱就可以轻松做出来的鱼虾盛宴！
清淡健康的100道韩式鱼虾料理，
让你爱上下厨，百吃不厌！

机械工业出版社
CHINA MACHINE PRESS

图书在版编目（CIP）数据

吃不够忘不掉的100道鱼虾料理 /（韩）宋允亨著；韩晓，张园园译. — 北京：机械工业出版社，2015.8
书名原文：All that FISH
ISBN 978-7-111-52001-6

Ⅰ.①吃… Ⅱ.①宋… ②韩… ③张… Ⅲ.①鱼类菜肴-菜谱 ②虾肴-菜谱 Ⅳ.①TS972.126

中国版本图书馆CIP数据核字（2015）第259996号

机械工业出版社（北京市百万庄大街22号　邮政编码100037）
策划编辑：刘文蕾　陈　伟　　责任编辑：姜佟琳
封面设计：吕凤英　　责任校对：张　薇
责任印制：李　洋
北京汇林印务有限公司印刷

2016年1月第1版・第1次印刷
170mm × 210mm・11.166 印张・311 千字
标准书号：ISBN 978-7-111-52001-6
定价：39.80元

凡购本书，如有缺页、倒页、脱页，由本社发行部调换

电话服务	网络服务
服务咨询热线：（010）88361066	机工官网：www.cmpbook.com
读者购书热线：（010）68326294	机工官博：weibo.com/cmp1952
（010）88379203	教育服务网：www.cmpedu.com
封面无防伪标均为盗版	金书网：www.golden-book.com

吃不够忘不掉的100道鱼虾料理

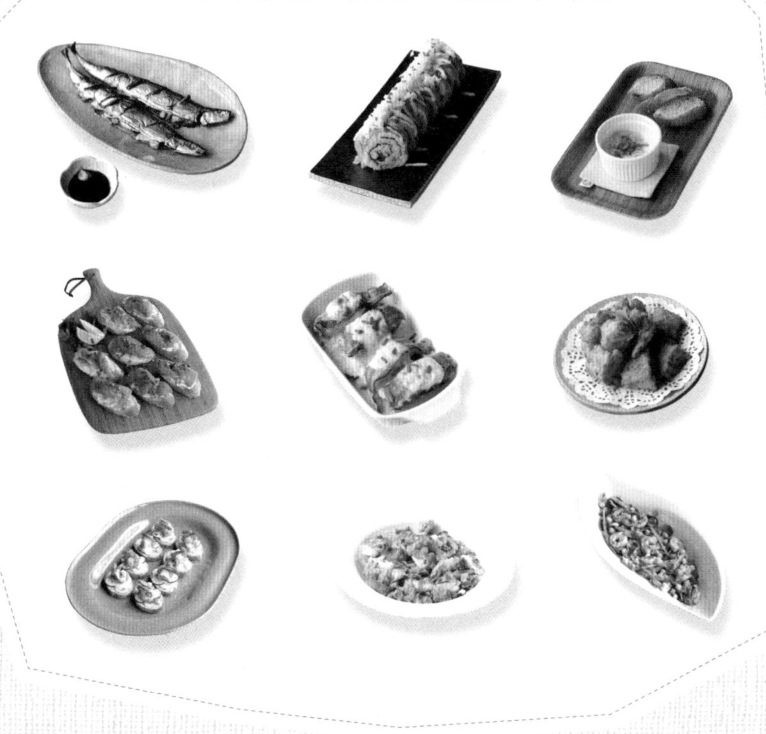

自序

我辞掉了从事的工作，由于丈夫工作调动的缘故，我们搬到了这个陌生的地方。我经常独自一人在家吃饭，长此以往，我的餐桌变得非常随意，经常为了填饱空空如也的肚子，就凑合了事。

我很喜欢有关料理的书籍和关于料理的节目，所以非常感叹于那些色香味俱全的料理，它们让我垂涎三尺，但我家饭桌上的饭菜却与此形成了鲜明的对比。不，我家饭桌上的饭菜甚至连饭菜都称不上，那些凑合着吃的食物看起来令人十分寒心。

这成为了一个契机。每天至少有一顿饭要好好吃。

我下定决心每天必须要有一顿饭善待自己，就这样我开始了做饭。那时，我经常看一个关于法国料理的节目，我决定慢慢尝试做那个节目中所介绍的料理，并且在网上寻找相关信息，购买英文版的料理书籍，整理烹饪配方，通过这种方式来制作料理。

也有很多味道怪异的食物和不能吃的食物。有时制作简单的食物也会花费很长时间，有可能本来打算当作午餐来做的料理，到晚上才做完。也有很多时候忘了放某种材料，这种情况比比皆是。

如果就这么以失败收场，那我当然会很伤心，做饭的热情也会减退，不过即便感到烦躁，但最终还是做成某种东西的感觉是非常有趣的，因为我发现津津有味吃着自己亲手做出来的食物时能感受到巨大快乐。每一天我都在亲自做料理，除了一开始特别关注的法国料理之外，我也逐渐对其他国家的料理产生了好奇心，并因而购买了很多国家的料理书籍，尝试之前从未制作过的新奇料理。

起初我下定决心每天都要有一顿饭要吃好时，心里想着如果能把每天的料理记录下来不半途而废就好了，于是我做起了博客。失败也好，成功也好，反正我也不是为了显摆给谁看，只不过是把它当作一种兴趣，开始记录吃的故事而已。起初在博客上写文章的时候我根本没有想到现在会得到这么多人的关注，更没有想到能把我的烹饪配方出版成书。现在竟然出了书，我感觉无比神奇。

在书中我闻到了纸张的味道，墨水的味道，听到了翻页时发出的声音，感受到了书中时光流转的痕迹……

先抛开它所包含的内容不说，书本身就让我感到心情愉悦，所以尽管准备这本书的时候我一直饱受压力，也备感苦恼，甚至身体也感到疲惫，但我还是认为我度过了有生以来最幸福的时光。

从简单到复杂，从本国料理到外国料理。我一直致力于介绍做起来简单而又有趣的料理方法，我由衷希望有趣的烹饪配方可以走进大家的生活。

在准备出书的时候，我明白了一本书的出版需要很多人的努力，也需要付出很多时间，虽然我不敢说这是最好的料理书籍，但请相信我尽了最大努力。十分感谢为出版这本书而付出心血的人，特别要感谢为我感到开心的家人们，还有每周都去赶集尽心尽力帮助我的丈夫。

真心地希望你们能和我一样，体会到为所爱的人制作食物的喜悦。

作者 宋允亨

目录

Part. 3 盒饭和一品料理

Part. 4 早午餐和甜点

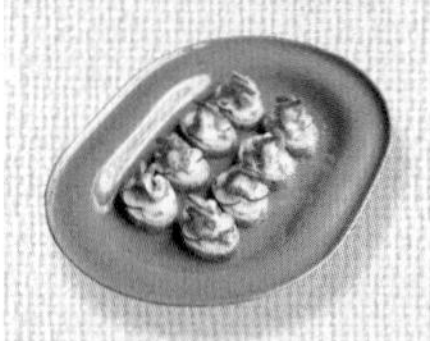

Part. 5 适合招待客人的美食料理(1)

Part.6 适合招待客人的美食料理（2）

1. 一点也不复杂！用量杯来计量

我们不愿意看料理书上的烹饪方法的原因之一可能就是那些所谓“大勺、小勺、杯子、克”等公式般的计量方式。很多人认为准备计量器具是一件繁琐的事情，所以现在那种用随手可买到的汤匙、纸杯之类的器具来做计量工具的料理书籍十分盛行。只要知道正确的使用方法，就会明白计量器具的使用没有那么难，也没有那么复杂。

● 量杯和量匙

不要使用容量不准确的汤匙或纸杯，要使用量杯和量匙，只有这样，每次制作料理的时候其味道才不会发生变化，这是采用量具的一大优点。韩国的料理书中将一杯定为200ml，其他国家一般来说将一杯的容量定为240~250ml，市场上销售的量杯的容量不管是不是韩式的，都将一杯定为不到200ml的量，所以我们需要购买容量精准的量杯和量匙。

在这本书中我将一杯定为240~250ml，而且同时使用毫升（ml）和克（g）的标记方法。

量杯容量	量匙容量
1 杯 = 250ml或240ml	1 大勺 = 15ml
1/2 杯 = 125ml或120ml	1 小勺 = 5ml
1/3 杯约80ml	1/2 小勺 = 2.5ml
1/4 杯约60ml	1/4 小勺 = 1.2ml

※ 注意事项

1. 量杯的容量和重量是不一致的，换句话说就是“250ml≠250g”，所以不能把容量随意换算成相同的重量。
2. 计量材料各自的质量不一样，即使是等量的材料，250ml液体和250ml的粉末的重量也是不同的，不能将一种材料的换算容量应用到其他材料上。

（购买量杯和量匙的时候要买标明容量的杯子和匙，在一些低价卖场可以便宜地买到计量容量的用品。）

● 计量方法

1 | 计量液体类

- 把量杯放在平坦的位置，将液体倒入，然后再按照标准计量。
- 水平拿住量匙，将液体倒入至其边沿，然后再计量。

2 | 计量面粉类

在量杯或量匙里盛满面粉，使量杯或量匙内没有任何空隙，之后用刀背削平上边的部分，然后再计量。

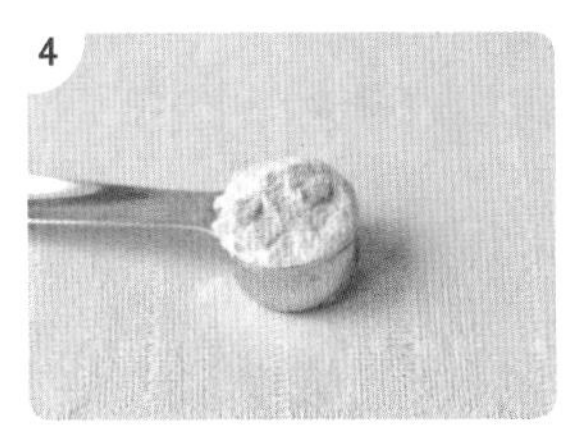

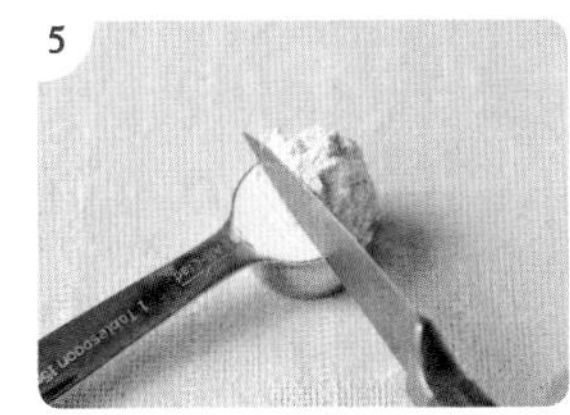

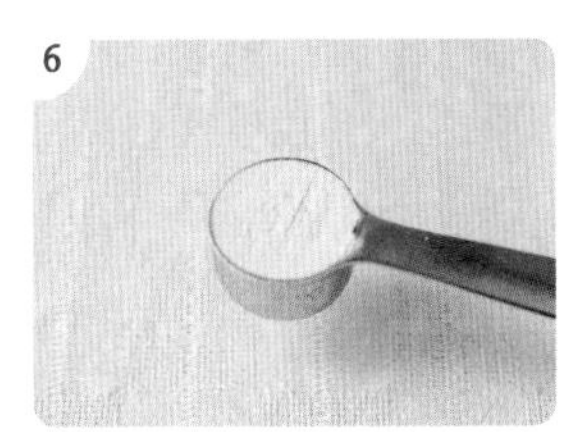

2. 厨房用品介绍

当人们看到清新整洁又井然有序的厨房，就会想如果我家也有这么漂亮的厨房就好了，看到料理节目中介绍的烹饪工具，就会想只要有那个烹饪工具自己也能做出美味的料理。在本书中，我会向大家介绍一些不仅能将自己打造为料理大师，而且连店铺里都在使用的烹饪工具。不过这些工具只是帮助大家能更容易地制作料理，并不是说购买了它们就一定能做好饭，因为料理的好坏最终取决于人的手艺。

● 有用的厨房用品

食物加工机

食品加工机不同于制作果汁的普通果汁调配器，它的刀刃成一字，有利于便利地做出各种料理。它可以将肉或其他食物切得非常细，或将它们捣碎，然后混入自己所喜欢的肉，之后再切得细一点，用这种方式制作食物，或将大蒜和辣椒等做成自制的调料，都非常方便。我们还可以用它进行简单的和面工作，制作疙瘩汤和饺子皮，还可以用其制作黄油。

使用礤床或削片器可以十分容易地收拾好食材，能够将鸡蛋打碎的打蛋器也十分常用。

经常使用容量比较大的容器是非常麻烦的，1.5~2L大小的容器从各个方面来讲都非常适合普通家庭使用。

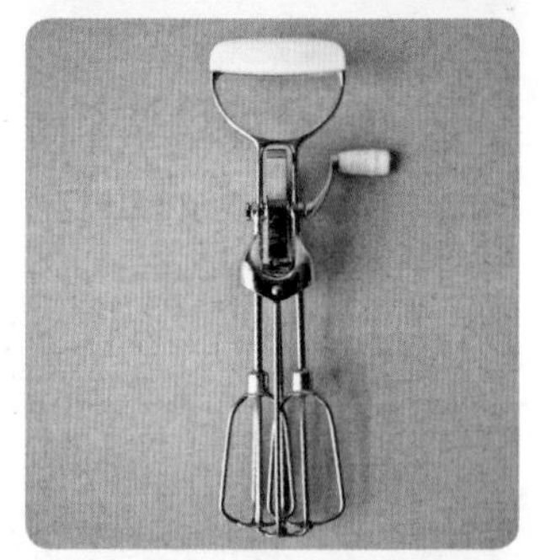

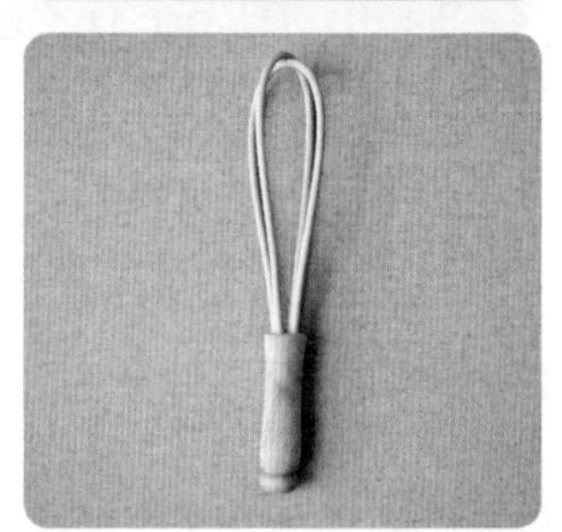

手持搅拌器

手持搅拌器是非常有用的厨房用品。可以在做汤的时候把其直接放在小锅里，它也可以把蒸熟的食物切得细一点，也适用于研磨水果制作果汁。

使其中的用打蛋器能轻松地将鸡蛋清或鲜奶油打出泡沫，还可以轻松地自制蛋黄酱。而其中的迷你食品加工机非常适合于捣碎少量的材料，相比市场上销售的蒜泥，我们可以购买大蒜，使用迷你食品加工机在家里将其绞碎使用。

打蛋机

要将鸡蛋黄或鸡蛋清打出泡沫就需使用打蛋机。转动一下手柄就能容易打出泡沫，将鲜奶油打出泡沫的时候也可以用它。

木制打蛋器

木制打蛋器是一种用木头制作的结构比较松垮的打蛋器，它在打制泡沫方面功效一般，在均匀搅拌非常稀的面粉时则效果不错。使用它面糊就不会出现泡沫，也不会形成疙瘩。因而当制作薄饼或薄煎饼等食物所需要的比较稀的面糊时，可以使用木制打蛋器。

面筛子

转动面筛子上挂的手柄，可以筛出面粉。这种工具在制作蛋糕或华夫饼的时候非常有用。

鲣鱼干块和专用刨子

鲣鱼干是通过干燥发酵鲣鱼，然后再添加霉菌制作而成的。虽然大部分的鲣鱼干是压缩成非常薄的状态来销售的，但它本来的模样如同木块。鲣鱼干块非常坚硬，要使用专门的刨子。比起压缩成薄片来进行包装销售的鲣鱼干，每次使用时自己削薄的味道会更好。鱼片可以当作浇头用在很多料理上，也可以制作成汤。韩国没有这种鲣鱼干块，需要在日本购买。

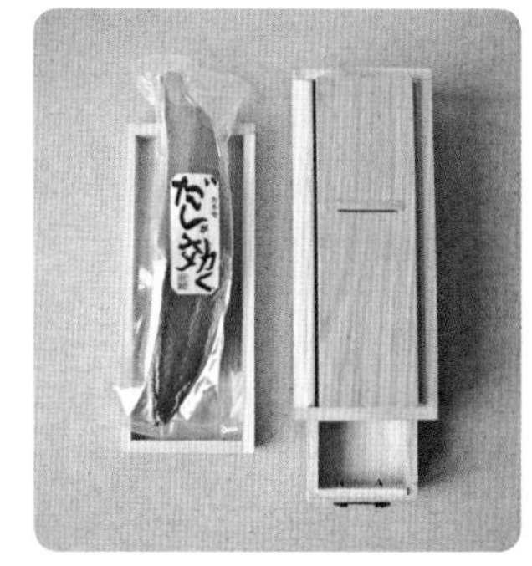

木制饭盒

木制饭盒不仅外形漂亮，而且还不用担心它有化学成分，可以放心使用。由于木制饭盒怕潮，所以在饭菜有很多水汽的情况下需要铺上生菜叶、羊皮纸或银箔容器。

手动胡椒研磨器和手动粗盐研磨器

我们可以用手动研磨器来磨制胡椒子和粗盐。购买一些胡椒子，直接用手动胡椒研磨器研磨就好了。当使用像岩盐一样的以最终的结晶形态来销售的食盐的时候，也是可以用到手动粗盐研磨器的。

方盘

四角形扁平的不锈钢方盘在制作料理的时候是非常有用处的。准备大约三个左右的方盘，当要用面粉、鸡蛋、面包粉制作食物时就可以拿来即用。盛装食材、准备烹饪的时候也会用得到方盘。

● 平底锅

普通家庭在制作料理的时候最经常用到的器具应该就是锅了，简单的炒菜当然无须多言，制作小材料或油炸都用得到锅的，因此锅可以说是全天候使用的工具，这是锅引以为傲的一点。锅也有很多种类。

❶ 陶瓷锅

镀了陶瓷类涂层的平底锅使用起来更加持久，而且锅底不容易糊，所以使用的时候锅底会很干净。其颜色也非常漂亮，看起来很美观。

❷ 不锈钢锅

不锈钢锅可以长久使用，不用担心涂层剥落所出现的化学物质。只要预热做得好，就不会糊锅。如果连手柄都是由不锈钢制作的，那么就可以直接放入烤箱了，这是其优点所在。

❸ 涂层锅

大部分家庭都在使用特氟纶涂层的锅，如果涂层开始脱落，那么就会产生对身体有害的物质，所以经常更换比较好。

● 乳酪礤床

礤床就是用不锈钢制作的一种厨房用具，用于去皮或把食物擦成小块。据说在牙买加，人们把用于擦椰子果的礤床当作演奏其传统音乐的乐器。礤床根据大小或形状不同有多种多样的用途，在这里我们要了解一下在研磨乳酪方面所使用的各种用具。

❶ 削皮器

在削柠檬皮或要将奶酪研磨得细碎些的时候可以使用。

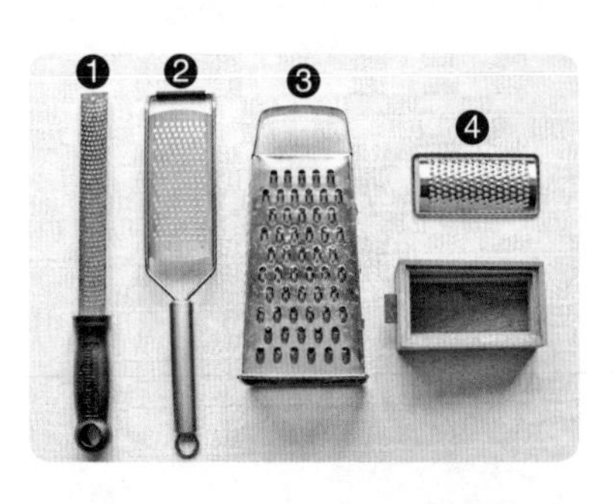

❷ 擦子

擦子的种类多种多样，洞眼从大到小的都有。不只适用于乳酪，若想将蔬菜等切得非常细的时候也可以用擦子。

❸ 四角礤床

四角礤床的四角的洞眼大小不一，只要有一个四角礤床，就可以将乳酪或其他食材切成我们想要的粗细大小，使用起来非常方便。

❹ 抽屉式擦子

抽屉式擦子所研磨出来的干酪粉可以直接落入小盒，不需另外准备容器，使用起来十分方便。

● 木勺

普通木勺主要在盛饭或炒菜时使用。除此之外，根据烹饪方法的不同，木勺有丰富多样的形状和功能。

❶，❷，❸

我们在炒菜的时候要用炒勺翻炒。炒勺大小不同，用途不一。

❹，❺

有洞眼的木勺在搅动粥或汤的时候会使用到。

❻

用面条计量器将一些面条放在洞眼里，然后再计算面条的分量。尾端的叉子是为了在炒面或煮面的时候使其不粘连在一起。

❼

当捞油炸食品或煮食物时适合用这种漏勺。

● 木质菜板

切东西的时候使用木头制作的菜板比较好，而且也不会发出很大的声音。收拾鱼或肉等食物时要铺上布使用，这样既卫生，又可以防止味道渗入到菜板里。用黏合剂将很多个木块粘在一起销售的菜板容易翘起来或裂开，甚至其木块都可能会发生分离，所以最好不要买这种产品。

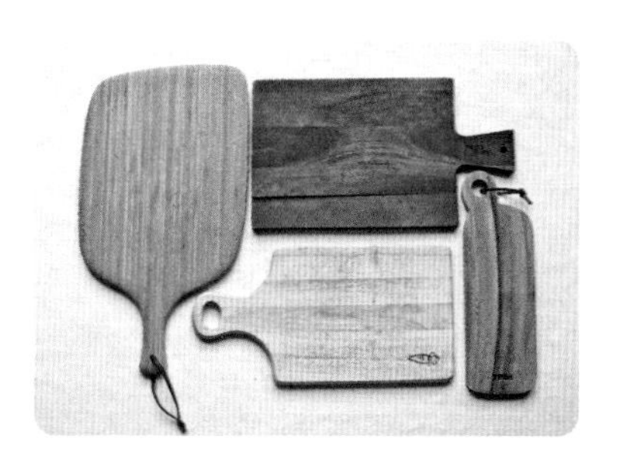

最近我倾心于手柄突出来的菜板，方便移动。像样子比较漂亮的木制菜板非常适用于招待客人。

● 专门盛放寿司用的木制饭桶

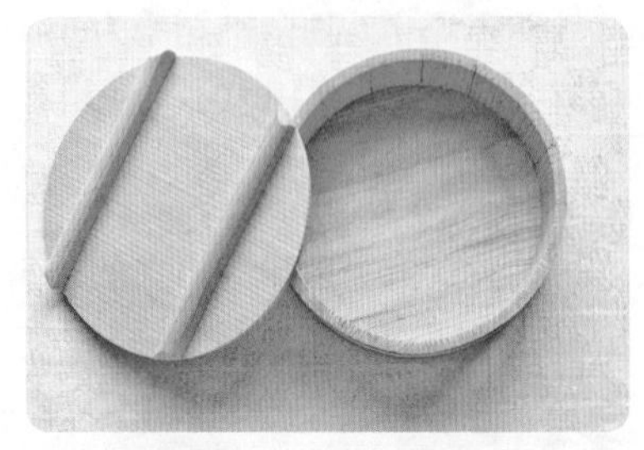

木制饭桶有盖，米饭不容易干燥。在紫菜包饭和寿司等食物中放入调料，之后可将其盛放于此。由于材质是木头的，即使是盛放刚做好的热乎乎的米饭，也几乎不用担心有化学成分等有害物质。

● 柠檬榨汁器

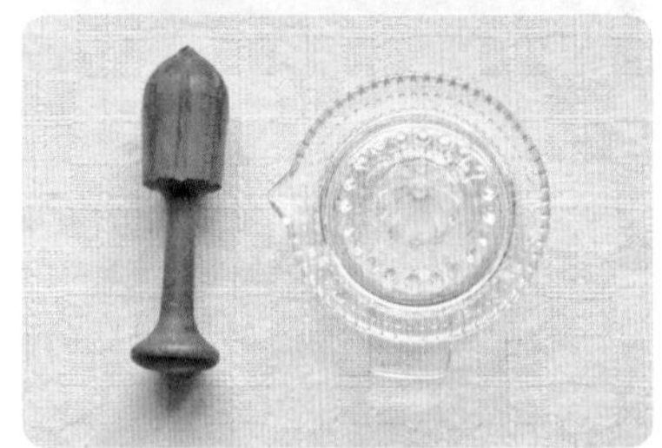

所谓榨汁器（Squeezer）是指将水果或蔬菜挤出汁来的器具。挤榨柠檬或者橘子、西柚等果汁的时候，榨汁器是非常便利的。

● 切丝器和分蛋器

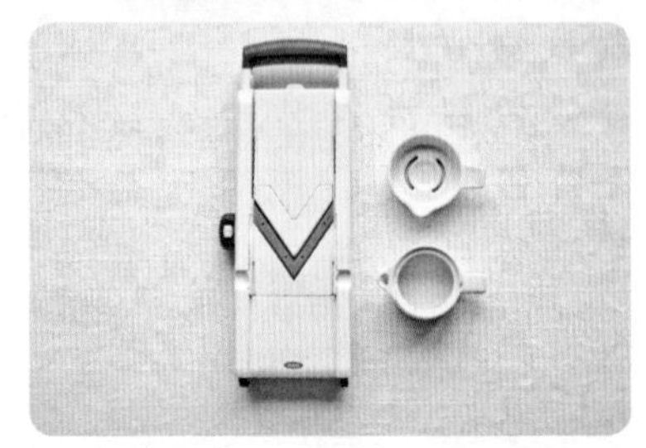

切丝器如其名称所言是一种方便切丝的器具，分蛋器是一种可以将鸡蛋的蛋清和蛋黄分离出来的器具。有很多料理或糕点需要这种类型的器具。如果切丝器有可以调整粗细的切片功能和切丝功能，就可以更快地制作料理，非常实用。

● 硅胶烘烤垫

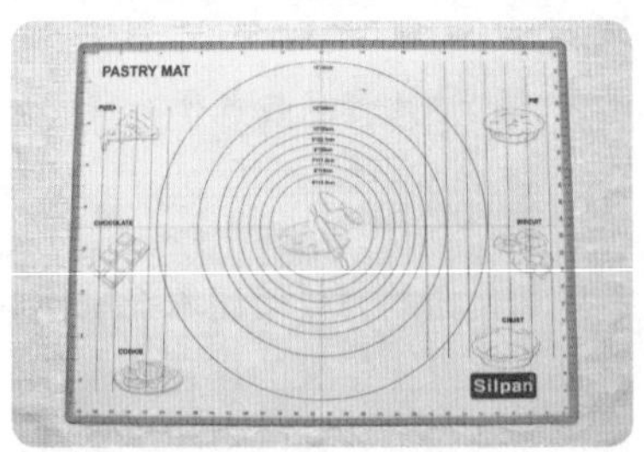

当没有擀面的空间或操作台不够干净时可以在上面铺上硅胶垫，适用于饭桌或厨房。使用后，将垫子用水洗涤晾干后再折叠起来保管好，以便下次使用。

3. 食材介绍

前边我们已经介绍了制作料理可能使用到的料理器具，那么接下来我就要介绍各种食材了。我们要了解影响料理味道的各种基本调料和为料理增添各种趣味的食材。

● 厨房使用的调料

最经常用得到的食材就是各种调料。大部分料理书中都会提到家里不太常备的罕见的调料，所以很多人为此感到苦恼，考虑是不是为了做出一道料理，就去重新购买各种调料和材料。本书中用到的都是普通家庭几乎都配备的食材，而且标注的可以省略的部分不会对整个料理产生决定性的影响，因而即便家里没有该材料也没有关系。也不要再找借口说因为很难买到某种材料，所以没法做饭之类的话了。

{柠檬汁、蜂蜜、蒜泥、辣椒酱、大酱、辣椒粉、酱油、酸梅汤、食盐、胡椒、面粉、江米面粉}

柠檬汁

柠檬汁主要用于想制作出微酸的味道时使用，对于那些非常忌讳食醋味道的人来说，我推荐使用这种散发着清新味道而又清淡微酸的柠檬汁。没有柠檬汁也可以用微量的食醋来代替。

蜂蜜

在本书中我们不使用糖，取而代之的是蜂蜜，如果家里没有蜂蜜，也可以用糖来代替蜂蜜。

蒜泥

虽然直接捣碎使用，大蒜的味道和香味是最好的，但如果对此还是不满意，就可以用刀将少量的大蒜切得碎碎的，然后放在瓶子里备用。不过要尽快食用掉。

酸梅汤

酸梅汤能够让菜品的风味更上一层楼，新鲜的酸梅汤尤其如此。它是一种能够让味道更鲜美的材料，所以使用市场上销售的酸梅汤就可以，或干脆不使用也不会影响大局。

面粉

面粉可以使用中筋面粉，当然也可以都用低筋粉来代替。

江米粉

江米粉也可以都用面粉来代替。

食用油

本书中提到的食用油都是葡萄籽油，因为葡萄籽油没有特别的味道，适用于各种料理，而且葡萄籽油的燃点比较高，适用于需要用高温来烹饪的食物或者油炸食物。

橄榄油

就像香油和荏子油一样，这是压缩橄榄而挤出来的油。橄榄油纯度比较高，容易烧焦，因为它有特有的香气和味道，所以一般不用于烹饪，而是用在沙拉上，或像香油、荏子油一样作为料理的最后一道程序滴洒在料理的边上，这是最有效发挥其味道的方法。将二次压榨和初次挤出来的橄榄油混合而制作出来的纯生橄榄油或特级初榨橄榄油也可以用作普通食用油。

● 其他食材

我们知道有些材料虽不是必需的食材，但如果一起使用，就会散发出更好的味道。如果想要用完全相同的料理方法制作出与众不同的味道，那就参考一下吧！

胡椒子

比起从市场上直接购买胡椒粉，购买胡椒子自己直接研磨使用更好，这样香气宜人，味道也不会太呛。现在有一种可研磨胡椒的磨粉机出售，使用它可以直接研磨、当场使用。

豆蔻

我们称之为肉豆蔻的豆蔻是像杏一样的核仁，是把除去果肉的内核用作香辛料。

它有一种独特的味道，所以少量的豆蔻就可以使食物的味道得到提升。豆蔻是有毒素的，不宜过量食用。豆蔻和胡椒一样，有粉状品出售，也有整个儿销售的，用专用研磨机研磨整个豆蔻，其香气更怡人，味道更柔和。

干香草

即使准备的只是像罗勒和百里香之类的调味料，也可以用于很多料理中。

荷兰芹

用在料理中的荷兰芹是指叶子比较宽大的意大利荷兰芹，我们也叫作香芹，在超市有售，如果购买不到满意的荷兰芹，使用卷曲的荷兰芹也无妨。

辣椒粉

书中的料理使用的是辣味比较强烈的细辣椒粉，如果购买这种辣椒粉比较困难，那么用市面上销售的研磨的比较碎的辣味十足的辣椒粉来替代。

毛葱

毛葱是一种颜色呈现淡紫色且块头较小的洋葱，比洋葱的味道更细腻。如果没有小洋葱1/4大小的毛葱，那么用洋葱代替也可以。材料中出现的一个毛葱可以用洋葱的1/4个来代替。

刺山柑

在食醋中腌制草丛中不开花的刺山柑的花蕾，这样所制作出来的腌菜大小丰富多样，呈现绿色。那种微酸且稍咸的味道和生鲜料理就是绝配。

酸汤

酸汤是一种像菲律宾的汤或者焖菜之类的食物。我们可以在网上的食品店购买到粉状状态的酸汤。

腌制凤尾鱼

腌制凤尾鱼是一种在新鲜的凤尾鱼上加入食盐和香辛料，然后腌制在橄榄油中所制作出来的像西方鱼酱一样的食物。腌制凤尾鱼有罐头装的，瓶装的，还有含有香辛料的，种类丰富多样，不过瓶装罐头味道更加的温和，腥味也比较淡。

鹰嘴豆

鹰嘴豆也叫作鸡豆或者埃及豆，在超市不难看到鹰嘴豆罐头装的产品。干燥的鹰嘴豆和罐头装的鹰嘴豆都可以在网上购买。

菊苣

菊苣也叫作苦白菜，长得就像白菜心一样，味道鲜脆，清爽，可在网上购买。

● 奶酪

在这本书中用到了各种各样的奶酪，大家会了解到每一种奶酪的不同用途。

意大利蓝芝士

意大利蓝芝士是意大利的一种蓝纹乳酪。我们将开始生长青霉菌的阶段称为白奶酪，将进行60天发酵的奶酪称为戈贡佐拉蓝纹奶酪，将进行90~100天左右的发酵奶酪称为辣味戈甘佐拉干酪。戈贡佐拉蓝纹奶酪味道柔和，口感好，可以尽情地享用。辣味戈甘佐拉干酪的特点是香味四溢，味道浓烈，很容易破碎。现在我经常在超市购买奶酪，戈贡佐拉蓝纹奶酪是我的首选。

哥瑞纳–帕达诺奶酪

这是意大利的一种硬奶酪，制作的时间和发酵时间比帕玛森奶酪短，而且价格也更便宜。它的味道非常好，在意大利面或意式焗烤上撒一些它的粉末来吃，或和红酒搭配在一起吃也不错。即使用帕玛森奶酪来代替也是毫不逊色的。

格鲁耶尔干酪

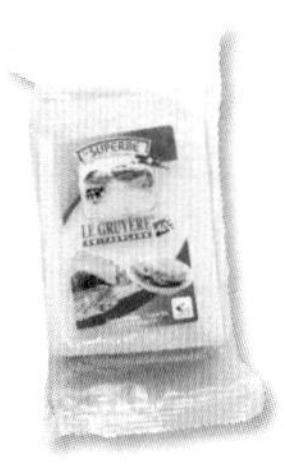

瑞士和法国的接壤地就是格鲁耶尔，这是一种以格鲁耶尔为发源地的硬奶酪。爱蒙塔尔奶酪是通过相似的制作过程制作出来的，相比爱蒙塔尔奶酪，格鲁耶尔干酪味道有些咸，香味比较浓郁。因为它的风味比较好，可以运用到各种料理之中。

爱蒙塔尔奶酪

我们经常将爱蒙塔尔奶酪称之为“瑞士奶酪”。果冻中凸出来的那种带小洞的芝士就是爱蒙塔尔奶酪。爱蒙塔尔奶酪的质感如同柔软的橡皮，非常容易融化，味道清淡，可以用在芝士火锅等各种料理中。

菲达奶酪

菲达奶酪在奶酪当中历史悠久，是一种非常柔和的希腊软奶酪。虽然我们在山地上吃的都是新鲜的菲达奶酪，但为了便于流通，很多时候它都被泡在盐水中保存。与其他奶酪相比，其味道相对细腻，但它凭借清淡和柔和的味道非常适宜放在三明治中或用作各种意大利面的浇头或面包上，此外它和红酒也很配。

帕玛森奶酪

意大利北部的帕尔马地区是奶酪的原产地。帕玛森奶酪是一种水分含量较少的硬性奶酪，我们也称之为“parmigiano reggiano”。制作成粉末状销售的奶酪香气和味道会大打折扣，所以使用块状的奶酪比较好。如果很难买到，不用也没关系。

● 网上食材购物中心

有时特别的食材在普通的零售店或超市很难买到，如果到专门的网上购物中心购买就很容易买到，甚至都能给配送到家，更加便利。所以，对于一些特殊的食材，大家不妨到网上商店找一找。

4. 经常使用的烹饪配方

在这本书中专门收录了料理中经常出现的、搭配任何料理都可以的鳀鱼肉汤的制作过程，还有即席制作来吃的柠檬蛋黄酱等的制作方法，味道非常爽口，不只是这些料理，还有其他的料理配方也可以灵活地运用到各个方面，比如蛋挞的和面等制作过程复杂，在制作之前最好对其过程加以熟悉。

● 鳀鱼肉汤

在制作韩国料理的时候使用最多的肉汤是鳀鱼肉汤。它的制作方法非常简单，只是放入鳀鱼和海带就可以制作出美味的肉汤。如果将鳀鱼肉汤用于各种炖汤，那么汤的味道会更加浓郁，会散发出醇浓的味道。

材料

- □ 熬汤用的鳀鱼 5~7只
- □ 干香菇 2个
- □ 5cm的四方形海带 2张
- □ 水 1.2L
- □ 大蒜 3瓣
- □ 萝卜 1块（大约 30g）
- □ 洋葱 1/4个

制作指南

1

将鳀鱼肉汤材料放在汤锅里，等到咕噜咕噜沸腾之后打捞出汤里的东西，然后放入食盐来提味。

● 有滋味的酱油

将新鲜的酱油盛放在瓶子里，在使用之前添加一点柠檬汁或者食醋，制作成更加有滋味的酱油来食用。

材料

- □ 水 1/4杯（60ml）
- □ 大蒜 2瓣
- □ 5cm的四方形海带 1张
- □ 酱油 1/4杯（60ml）
- □ 洋葱 1/2个
- □ 柠檬汁或者些许食醋
- □ 香菇 2个

制作指南

1. 在汤锅里放入水和海带以及洋葱，还有香菇和大蒜，等水咕噜咕噜沸腾之后再放置至完全冷却。
2. 放入酱油，充分混合之后，再将混合后的酱油通过筛子过滤出去，保存在密闭的容器内。

2

● 柠檬蛋黄酱

我们经常将从市场上买来的蛋黄酱作为一种调味汁放在沙拉里。其实制作蛋黄酱并不需要很多的材料，只用家里有的材料就可以制作出新鲜的蛋黄酱。我只要一想到用新鲜制作的蛋黄酱来调制美味的沙拉，心情就很愉快。

材料

- □ 鸡蛋黄 1个
- □ 一个柠檬分量的柠檬汁
- □ 食盐 1小撮
- □ 一个柠檬分量的柠檬皮（可以省略）
- □ 胡椒粉 少许
- □ 第戎芥末 1小勺（可以省略）
- □ 葡萄籽油 1杯（250ml）

制作指南

1. 在鸡蛋黄上放置食盐、第戎芥末、柠檬汁，然后用打蛋器搅拌，滴入稍许葡萄籽油，进行充分混合。
2. 如果蛋黄酱开始变得稠糊起来，那么就用打蛋器进行搅拌，直到它变成市场上销售的比较稀的蛋黄酱，然后尝一尝味道，再用食盐和胡椒粉来提味，最后放入柠檬皮。

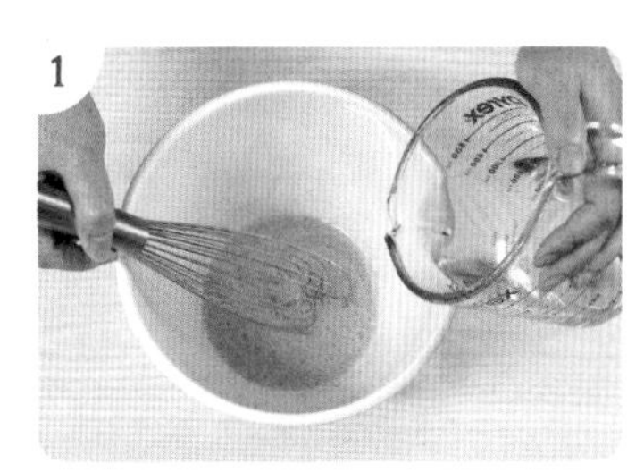
1

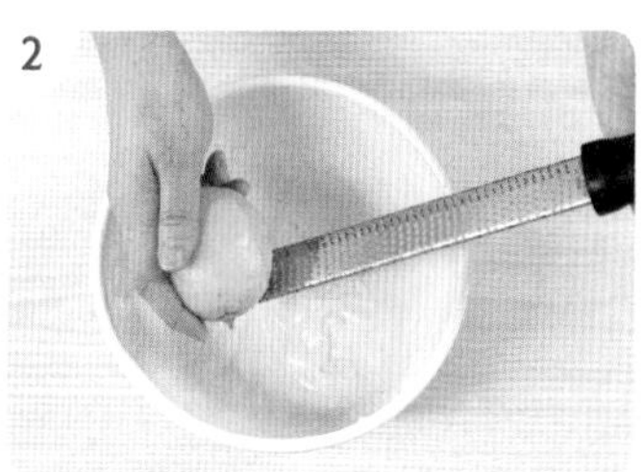
2

● 白沙司

白沙司作为一种白色调味汁，与牛排和奶油冻等各种各样的料理非常搭，这增加了它的柔软感。

材料

☐ 黄油 15g	☐ 食盐、胡椒粉、豆蔻粉少许
☐ 面粉 3大勺	
☐ 牛奶 250ml	

制作指南

1. 在汤锅里融化掉黄油，放入面粉，均匀搅拌，炒至看不到生面粉为止。

2. 放入一点牛奶，用打蛋器进行搅拌均匀，不要让它成块状，要用小火煮，以防变得浓稠。

3. 如果和鲜奶油相比，白沙司味道有点浓烈，那就放入食盐、胡椒粉和豆蔻粉，充分混合，之后关火，盖上锅盖。

tip 从鲜奶油的浓度到浆糊般的浓度，可以根据用途来调整它的浓度。如果太稠，那么就再放入些许牛奶，充分混合即可；如果太稀，稍微加热即可。

● 油酥面团

制作蛋挞、乳蛋饼、西式糕点都可以使用油酥面团。

材料

☐ 20cm厚的面团 2个	☐ 切成块的冰凉的黄油 75g
☐ 中筋粉 175g	☐ 鸡蛋 1个
☐ 食盐 1小撮	

制作指南

*A：用手制作

1. 在盆子里放入中筋粉、食盐、黄油，用手进行揉搓，直至面粉呈现出不硬不软的状态，然后放入鸡蛋，再进行糅合，直至看不到白色的面粉。

2. 使面粉凝结成面饼的模样，再用食品保鲜膜包裹起来，然后冷藏30分钟左右。

*B：使用刮刀或煎饼锅铲

1. 在盆子里放入中筋粉、食盐、黄油，然后用刮刀或者煎饼锅铲切碎黄油，直到黄油变成小块，不硬不软，并且和面粉充分混合。

2. 在第一步的基础上加入鸡蛋，揉搓至看不到生面粉为止。

3. 使面粉凝结成面饼的模样，用食品保鲜膜包裹起来，然后冷藏30分钟左右。

*C：利用食品加工机

1. 在食品加工机内放入面粉和食盐以及切成块的黄油，然后启动机器，加工至不硬不软的状态。

2. 放入鸡蛋，启动机器，直至面粉成块，之后充分凝结起来，然后用食品保鲜膜包裹起来，再冷藏30分钟左右。

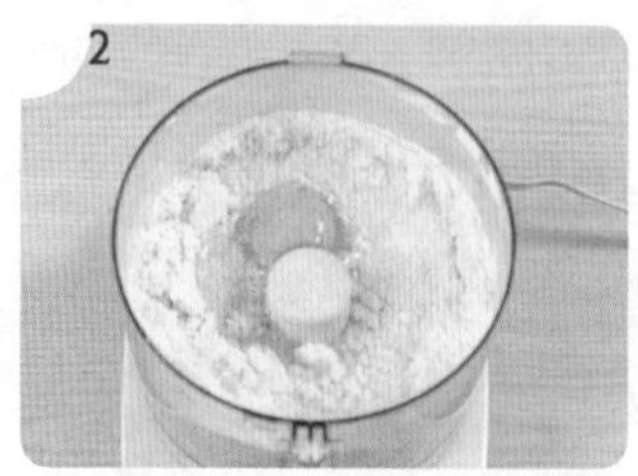
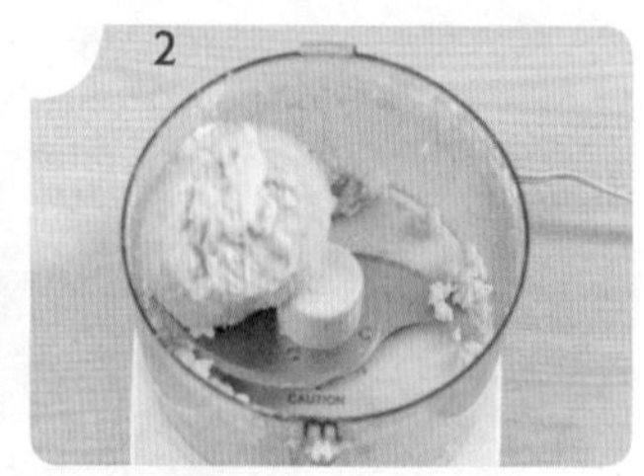

● 收拾鳄梨的方法

如果将鳄梨放在加州寿司卷里，就会有一种柔软的味道，那真是美味绝伦。由于鳄梨像苹果一样会发生褐变反应，所以将鳄梨收拾完之后要尽可能在最短的时间内吃掉，也可以在鳄梨表面涂抹上柠檬汁，这样就会延缓褐变反应发生的时间。

制作指南

1. 使刀子碰触到鳄梨的种子，随着种子转一圈，然后划一刀。
2. 抓住被划开的鳄梨果肉进行扭动，将鳄梨分离开来。
3. 用勺子挖出种子，或者用刀劈开种子之后旋转鳄梨拿出种子。
4. 用手剥去表皮。如果用手不好去皮，就要在果皮和果肉之间放入勺子，进行旋转，然后将果肉和果皮分离开来。
5. 将果皮去掉之后根据料理的用途，将鳄梨切开来使用。

5. 注意！阅读本书要了解的事

（1）书中的分量是两人份的标准，如果人数增加，可以再根据人数增加材料。调料之类的东西在制作时也可以根据人数来增加分量，但在烹饪时不要全部放入，稍微放一点就可以了。最好的方法就是尝一尝味道，再根据味道来加减调料。

（2）为了减少篇幅，料理制作的过程图只保留必不可少的环节。

（3）材料是根据料理的顺序来排列的，在制作料理的同时可以事先准备下一步所需要的材料。

（4）为了更容易地准备材料，可将某些材料的收拾方法记在材料名的旁边，在准备材料的同时也索性将材料收拾出来。

（5）在材料中蔬菜、坚果等的重量计量会在括号里标记上是用一只手抓的量。如果觉得每一份材料都要测量重量很麻烦，那么根据分量使用手抓就可以了。

（6）一小撮食盐大约是大拇指和食指夹起来的量。

（7）当需要放入十分少量的胡椒面的时候会标记为“些许”，大约是摇晃1~2次所出来的量。

（8）如果是很难买到的材料，那么我会在材料的后边标记上可以代替的食材，例如，如果家里没有辣椒粉，那么使用细辣椒面也可以。此外，不会对料理的味道产生很大影响的食材和调料都会标记为可以省略。我们不可能为了做一道料理而准备所有的食材，特别是专门购买不能适用于大多数料理的食材实在是太可惜了。

Part 1

鱼的一切

1. 了解鱼肉
2. 美味的鱼肉也可以兼顾健康
3. 相宜的饮食搭配
4. 根据味道和季节选择当季鱼
5. 挑鱼要领和简单的收拾鱼的方法

1. 了解鱼肉

根据鱼的颜色和模样，鱼可以分为很多种，这本书是以鱼为主要食材来制作料理，所以我们需要了解一下鱼的分类和特点以及其营养成分。

● 白色肉质的鱼

肉是白色的，表皮由鱼鳞覆盖着，大部分的肉比较厚实，这是拥有白色肉质的鱼类的特征。

这类鱼大部分生长在深水里，它们不怎么运动，肉比较细嫩，味道清淡，腥味淡薄。很多淡水鱼的肉质颜色都是白色的。

种类

鲈鱼、比目鱼、鲽鱼、鳕鱼、明太鱼、河豚、黄花鱼、黄姑鱼、扁口鱼、鳕鱼、鲷鱼、石斑鱼、鲳鱼、带鱼、鲥鱼、鳞鲀等。

主要营养成分

白色的鱼肉蛋白质含量是18%~20%，这与其他肉类的蛋白质含量相似，还含有大量的氨基酸，相反脂肪含量比较少，易消化吸收。 将其用于老人餐、病号餐、儿童餐以及减肥餐都是不错的。我们现在很容易买到冷冻的鱼，所以可以不受季节的影响，能够随心所欲地吃鱼。

● 红色肉质的鱼

所谓红色的鱼肉是指鱼肉的颜色带有紫红色或者紫褐色，这类鱼大部分活跃在比较浅的海水里。

据说是由于肉中的血红蛋白和肌红蛋白等色素蛋白质，鱼肉才会呈现红色。

不过鳟鱼和三文鱼含有虾青素，因此肉质呈现红色，而且肉中色素蛋白质的含量和白色鱼肉差不多，都比较少，所以没有将它们分类为红色肉质的鱼。

种类

青花鱼、金枪鱼、鳀鱼、秋刀鱼、沙丁鱼、鲣鱼等。

主要营养成分

与白色肉质的鱼相比，红色肉质的鱼含有大量的不饱和脂肪酸，营养丰富，味道浓郁，腥味强烈，卡路里含量较高。

红色肉质的鲜鱼中所含有的像DHA、EPA等之类的Ω-3具有保护细胞、促进新陈代谢、和骨骼发育以及保持细胞结构等功效。如果人体缺乏Ω-3，那么就会引发忧郁症、精神分裂症、注意力过度缺乏所导致的行动障碍、视力低下以及心脏疾病等。而且Ω-3对于正常的生长发育和新陈代谢是一种必不可少的营养成分，特别是对于新生儿和青少年来说，需求量更大。由于人体内不能合成Ω-3，所以一定要通过食物来摄取。

红色肉质的鱼类的维他命A、B2、D和硒的含量比较高，这有助于促进儿童生长发育和增强免疫力。

青花鱼的维他命A的含量比较高，秋刀鱼的维他命D的含量也很高。

注意事项

虽然红色肉质的鲜鱼含有较高的对身体有益的不饱和脂肪酸，但脂肪含量也很高，酸变速度也非常快，购买之后要尽快吃掉。

并不新鲜的红色肉质的鱼会生成即使加热也不会消失的组织胺，会引起过敏反应甚至中毒，所以要注意它的保存，要使它保持新鲜的状态。

2. 美味的鱼肉也可以兼顾健康

鲜鱼含有各种丰富的营养素，属于脂肪质含量较少的低卡路里的食品。现在肥胖、高血压、高血脂等各种成人病持续蔓延，从味道和营养以及卡路里的层面来看，完美无缺的鱼的优点正在日益凸现出来。

不过由于海洋和河水日益受到污染，很多人对吃鱼感到很担心，如果是这样，那么我们应该怎么吃鱼呢？我们来了解一下可以更加安全地吃到有益于身体健康的美味鱼肉的方法吧。

● 更加安全地吃鱼

虽然鱼不仅对身体好，而且营养丰富，但研究结果表明，由于海洋污染的影响，鱼类重金属的含量越来越高，其中由于对鱼、贝类的摄取导致人体内吸收的汞所带来的危险性也在不断增加。汞中毒的代表性事件是1956年发生在日本的“水俣事件”。那时，含有汞的工厂废水流入大海，吃了在这片海域捕捉到的鱼的47名市民全部死亡。在日本水俣发生汞中毒事件之后，由于鱼、贝类所引发的汞中毒就被称为水俣病。

如果汞在身体里堆积，那么人体大脑和肾脏的功能就会降低，大脑神经系统也会受到影响，从而引发运动和语言障碍、听力障碍、四肢麻痹等症状，严重的情况下甚至会导致死亡。而且汞会通过胎盘传给胎儿，使胎儿发育障碍或者脑神经受到严重的伤害。

虽然汞是以自然状态存在的，但现实却是环境污染导致的甲基汞的危险性在不断增大。虽然目前人们因食用鱼、贝类而造成的汞摄取率还处在安全水准范围之内，但谁也不能保障它的绝对安全性。我们要吃什么鱼，要怎么吃鱼，才会减少汞的摄取，才能更加安全呢？

我们来了解一下安全的鲜鱼摄取方法吧。

1丨减少大鱼的摄取

对于肉食性捕食鱼类来说，寿命越长，其体内堆积的汞就越多，可以选择除金枪鱼、深海性鱼类、剑鱼类等大鱼之外的小型鱼类。

越是处在食物链上端的鱼，汞的含量就越多；越是在食物链下端的鱼，其体内积累的汞含量就越少。

2丨同时摄取有助于解除重金属毒素的食物

众所周知，硒和汞结合在一起会形成化合物，可以抵消汞的危害，是一种可以解除重金属毒素的物质。硒含有强有力的抗酸化效果以及人体消化过程中所必需的成分，含有硒的食品有动物内脏、蛋类、蘑菇、海产品、大蒜等。它具有解除重金属毒素的作用，但人体只需要摄取微量的硒元素，过度摄取则会产生毒性，所以最好通过食品来自然摄取。

3丨搭配食用含有丰富维他命和无机物的蔬菜

蔬菜可以补充鱼所不足的各种营养成分，其中洋葱、卷心菜、大蒜等也有助于解除人体内所吸收的汞毒素。

4丨有关鱼的摄取量的建议

美国建议每人一周吃的鱼、贝类的分量不要超过340g，还建议对于金枪鱼、鲨鱼、马头鱼等含有大量汞的鱼的食用不要超过170g以上。

英国建议产妇和育龄妇女以及16岁以下的孩子避免食用汞含量较高的鱼。虽然韩国至今还没有明确的标准，但食品及药品管理局曾经发出通告，产妇和育龄妇女、哺乳的母亲和幼儿最好每周所摄取的汞含量较高的金枪鱼或剑鱼等深海类鱼类的量要在100g以下。我们建议每周食用3~5次左右较小型的鱼类，摄取量不要超过170g，这是比较安全的数值。

● 吃鱼时的注意事项

1丨买来鱼之后要尽早食用

因为鲜鱼变质速度比较快，所以购买鱼之后最好在2~3天内早早烹饪食用。鱼中含有很严重的令人不快的腥味，如果肉质烂掉或颜色发生变化，那就是这条鱼正在腐烂中，最好不要再食用。

2丨吃多少买多少

背面是绿色的鱼含有大量的不饱和脂肪酸，不饱和脂肪酸的酸变反应进行得非常快，所以与其买很多这类鱼冷冻保存起来，不如吃多少买多少，这样是比较健康的。

3丨在气温逐渐升高的季节避免食用生鱼片，要更加注意鱼的摄取

气温越高，鱼贝类食物衍生出各种疾病的可能性就越高。在夏天要避免生吃鱼贝类食物，由于它们的变质速度很快，即使做熟了吃也是有危险的，因而在夏天食用鱼贝类食物多加注意才好。

下面是不当食用鱼贝类食物可能会感染的病菌。

*弧菌

在春天和夏天海水的温度会高达18~20℃，因为对鱼贝类食物食用不当人们很有可能患上弧菌肠炎食物中毒，并且可能会伴随着腹痛和腹泻以及脱水的发热现象。在这种季节要避免食用生鱼片，如果食用，尽量在85℃以上的温度下加热1分钟以上才能食用。

*异尖线虫病

如果人们摄取感染了异尖线虫病的生鱼片，那么就会患上异尖线虫病，而且会出现类似于出冷汗和腹痛、胃痛或者胃溃疡之类的症状。如果将鱼冷冻在20℃以下的状态，那么寄生虫就会死亡，因此如果将鱼冷冻大约一天之后再烹饪食用就可以预防这个问题了。

*麻痹性贝类毒

如果春天的水温上升到10~15℃，那么水中的贝类就会急速地增殖，人类食用这些贝类30分钟之后就会产生嘴、舌头、面部好像发麻灼烧的感觉，随后麻痹感觉会蔓延到脖子、胳膊、手足，严重的情况下就会由于呼吸麻痹而导致死亡。这无关于烹饪方法，是因为贝类还带有没有被破坏掉的有毒物质，所以在水温上升的时期最好避免食用红蛤或牡蛎等贝类。

3. 相宜的饮食搭配

就像人类的人际关系一样，食物之间也有搭调与不搭调之说。某些食物一起食用不仅味道鲜美，而且还有助于健康，可以增加防止疾病入侵的力量。在制作鱼类料理的时候，我们通常会用到芹菜、茼蒿、豆腐等。虽然我们通常认为这会让味道更鲜美，但认真一看这样做不只是顾及味道，连营养和健康都兼顾到了。如果要吃到更美味的鱼，那么就了解一下和新鲜的鱼比较搭配的好食材吧！

● 和鱼比较搭配的好食材

1丨萝卜、芹菜、茼蒿

萝卜、芹菜以及茼蒿中含有丰富的维生素C，而鱼中维生素C的含量不足，如果将萝卜、芹菜以及茼蒿和鱼一块食用，就能够补充营养素，也会使那种爽口的味道和特有的风味更浓郁。如果再和炖煮类食物或汤羹一起食用就更完美了。

2丨豆腐

鱼中苯丙氨酸含量较低，甲硫氨酸和赖氨酸含量丰富，而豆腐中甲硫氨酸和赖氨酸含量较低，苯丙氨酸含量丰富，当两者一起食用时，其营养成分就会相互补充完善，如果豆腐中所含有的铁质和鱼中的维他命D相结合，那么就会促进人体对于营养素的吸收。

3丨洋葱、卷心菜、大蒜等蔬菜，鸡蛋、谷类、乳制品，坚果类食物

就如我在前边所提及的，吃鱼稍有不慎就会导致过度摄取汞，如果同时食用充足的蔬菜、乳制品以及坚果类食物，将有助于解吃鱼所带来的重金属危害。这本书中就有鱼和坚果相互搭配的烹饪方法，敬请参考！

● 减少腥味的方法和食材

我想人们不喜欢做鱼类料理的主要原因是由于鱼所特有的腥味吧，只要将腥味去除，那么对于鱼类料理的偏见就会烟消云散。那么我们了解一下减少鱼腥味的食材和使用方法吧！

1丨使用调味食材

如果将像大蒜、生姜、葱、洋葱、韭菜这类加深香味的材料和鱼一起烹饪，那么就会减少腥味。

2丨使用香辛料

主要是很容易买到的香味逼人的胡椒和肉豆蔻。

3丨使用香草

罗勒、莳萝、百里香、龙蒿、荷兰芹等香草具有特殊的香味，因此和鱼非常搭配，会使料理的味道更加鲜美。如果很难找到生香草，那么也可使用干香草。相比于生香草，使用干香草时放的量要少一些。

4丨使用柠檬

将柠檬汁或将柠檬皮的黄色部分用擦子擦得很细碎放入鱼类料理中，其清新的味道可以减少鱼的腥味，不过因为其特有的香味很强烈，所以有时很难让人感受到鱼原来的风味，所以要注意柠檬的使用量。

5 | 去除鱼中的水分后再烹饪

用洗碗巾擦拭鱼的水分之后再烹饪，特别是冷冻的鱼要好好擦拭解冻过程中所出现的水分，这样才能减少鱼腥味。

6 | 购买之后要尽快烹饪食用

鱼的新鲜度越低腥味就会越强烈，所以购买之后尽快烹饪食用也是一种减少腥味的方法。

4. 根据味道和季节选择当季鱼

我们有应时水果、时令蔬菜的说法，按照季节在外边受到阳光照射、风儿吹拂的水果更健康，味道更甘甜。如果是这样，那么鱼也有时令之说吗？就像水果有时令一样，鱼也如此。如果了解了鱼最易长膘、味道比较可口、捕获量大、价格低廉的时期，那么就能够以经济实惠的价格吃到营养价值高的鱼。下面我们把不同种类的鱼鲜最美味的时期记录下来，供大家参考。不过也要注意的是鱼鲜类受气温上升或其他各种因素的影响，最美味的时期也会有些许差异。

春天（3~5月）	
鲷鱼（11月~次年3月）	鲷鱼脂肪含量比较少，蛋白质含量丰富，是春天最好的佳肴。
真鲷（4~8月）	春天和夏天的气温不断升高，当季的真鲷在鲷鱼类的鱼中味道最好。
石斑鱼（4~6月）	此时的石斑鱼肉质清淡，味道鲜美，非常适合于各种料理。
鲻鱼（2~4月）	鲻鱼是一种低脂肪高蛋白的鱼，还含有丰富的胶原蛋白，对于皮肤美容效果较好。
干贝（4~5月）	干贝是一种高蛋白低卡路里的食品，含有丰富的铁质，特别是干贝的肉柱，也叫作“闭壳肌”，它那特有的味道简直是极品。

（续）

春天（3~5月）	
蛤仔（2~4月）	蛤仔的味道清爽，口感筋道，是一种极品料理，非常适于煲汤。
花蟹（3~5月）	在韩国南海岸捉到的花蟹中，春天腹中充满卵子的母蟹最美味。

夏天（6~8月）	
带鱼（7~10月）	带鱼肉质柔软，脂肪含量高，味道清淡。
鲈鱼（5~8月）	夏天的鲈鱼与其他季节相比，或与其他种类的鱼相比，蛋白质含量高，作为一种补益食品毫不逊色。
鲳鱼（5~8月）	扁平模样的鲳鱼脂肪含量少，但是含有丰富的维他命B1、B2，是一种容易消化的鱼。
鱿鱼（7~11月）	鱿鱼热量比较低，不管用什么方法来烹饪食用，味道都很好。在炎热的夏天避免食用生鱿鱼片，以防感染寄生虫。干鱿鱼的氨基乙磺酸含量比较高，但是同时胆固醇的含量也比较高，所以最好不要过度食用干鱿鱼。
罗非鱼（6~8月）	罗非鱼是一种淡水鱼，腥味淡，含有丰富的蛋白质和无机质，有助于促进正处于成长期的儿童和青少年的发育，味道鲜美。在主要销售西方食材的大型超市里可以买到冷冻品。
鳗鱼（5~7月）	鳗鱼作为炎热夏天的一剂补药，效果很好。七月份鳗鱼的味道最好，虽然含有各种丰富的营养素，但是脂肪含量也比较高，如果过度摄取，可能会诱发腹痛。
黄姑鱼（8月）	黄姑鱼现在很难见到，它的味道非常好，是经常供奉在祭祀桌上的鱼之一。黄姑鱼的热量比较低，对于减肥比较好，尤其对于成长期的孩子来说是一种好的营养素，还有助于防止老化，保持皮肤弹力。

（续）

秋天（9~10月）	
青花鱼（9~10月）	韩国人最喜欢的鱼就数得上青花鱼了，青花鱼是典型的背面呈现绿色的鱼类之一。
比目鱼（9~12月）	我们经常把比目鱼制作成生鱼片来食用，比目鱼腥味较淡，味道鲜美，不管是做汤、烤着吃，还是蒸着吃，都很美味。它不仅可以促进消化，而且卡路里含量低，有助于减肥。
花蟹（9~11月）	秋天是花蟹肉多、味道最好的季节。
蛤蜊（9~12月）	蛤蜊在凉风习习的秋天比较能长膘，味道也比较好。
秋刀鱼（10~11月）	秋刀鱼价格低廉，营养丰富，即使只是撒上盐来烤，味道也好极了。
红蛤（10~12月）	红蛤的时令是从凉风习习的秋天到冬天。在外国有这样一种说法，那就是月份名称中没有“R”的月份不能吃红蛤。在天气日渐炎热的夏天（5~8月）红蛤是有毒性的，所以这时应避免食用。
鲅鱼（10月~次年2月）	鲅鱼在秋天开始长膘，在冷飕飕的天气里是最美味的鱼。
三文鱼（9~10月）	三文鱼的产卵期是9~11月，据说在这之前抓到的三文鱼味道最好。三文鱼的蛋白质含量高，也含有丰富的Ω-3。
鳟鱼（10~11月）	虽然鳟鱼的模样和三文鱼相似，颜色都是肉色的，但其块头稍微有点小。主要是制作成生鱼片来食用，还可以烧烤或清蒸等。鳟鱼是低卡路里高营养的代表性食物之一。
鲽鱼（10~12月）	鲽鱼的样子扁平，两眼位于一侧，含有丰富的维他命，很多时候都是用鲽鱼的肉当作主菜来食用。

（续）

秋天（9~10月）	
黑鲷（10~12月）	鲷鱼和真鲷在夏天味道比较好，相反灰白色的黑鲷在凉风瑟瑟的季节味道最好，因此也称作“冬天的鱼”。黑鲷的特征是脂肪含量较少，含有丰富的蛋白质、无机质、铁以及钙，肉质结实。
沙丁鱼（10~11月）	沙丁鱼含有丰富的Ω-3，非常适合处于成长期的儿童和青少年。由于沙丁鱼容易腐烂变质，所以大多数情况下都制作成罐头来销售。这种鱼有助于预防各种慢性病，也有助于脑健康，但如果过度食用，就会导致热量摄取过多，所以要注意适量摄取。
黄花鱼（9月~次年2月）	黄花鱼经常被用在祭祀桌上，它脂肪含量少，味道鲜美，从很久之前就受到大家的喜爱。
咸黄鱼干（9月~次年2月）	人们把身上撒着食盐晾干的黄花鱼称之为“咸黄鱼干”，和黄花鱼一样，咸黄鱼干的脂肪含量少，蛋白质含量高，味道稍咸，也有一种清淡的味道，是无与伦比的美味。

冬天（12月~次年2月）	
琵琶鱼（12月~次年2月）	虽然在韩国主要是将琵琶鱼蒸着来吃，但因其肉质比较柔软，味道清淡，所以在西方琵琶鱼被广泛地应用在牛排或炖菜等料理上。
明太鱼（12月~次年1月）	明太鱼根据流通方式不同名称也不一样，也被叫作“生态鱼”。因为其不易储存，所常常冻起来制成“冻明太鱼”。冻明太鱼含有保护肝的成分，因此它也是解酒和缓解疲劳的特效药。明太鱼的脂肪质含量比较少，它和冻明太鱼一样，含有各种丰富的营养素，是一种有助于减肥的鱼。

（续）

冬天（12月~次年2月）	
鳕鱼（一年四季）	由于鳕鱼的嘴很大，所以取名大头鳕。大头鳕一年四季都很美味。但在其产卵季节的冬天，特别是在12~1月份味道更加鲜美。大头鳕脂肪含量较少，味道鲜美，对于减肥也很有效，适宜于肥胖人群。韩国主要将大头鳕制作成汤或饼来使用，而在西方广泛地将大头鳕用于牛排的佐餐。
青鱼（1~2月）	青鱼具有一种独特的味道，在韩国青鱼是主要水产品之一。青鱼含有大量的易于消化的蛋白质，但热量较高，并且含有各种丰富的营养素，有助于预防动脉硬化和心脏病，并且可以保护肝脏。
牡蛎（9~12月）	牡蛎在晚秋和冬天味道最好，它含有丰富的营养素和钙，甚至被称为“大海中的牛奶”。牡蛎含有铁和铜的成分，对缓解贫血很有效，但在水温逐渐上升的晚春和夏天即使将牡蛎加热，它还是含有毒素，所以这时最好不要食用牡蛎。
扇贝（11~12月）	扇贝含有助于生长发育的各种丰富的营养素，味道鲜美，经常用于制作生鱼片或熬汤。在西方只是挖取肉柱部分，制作成牛排或意式焗烤来食用。

5. 挑鱼要领和简单的收拾鱼的方法

● 如何选择新鲜的鱼?

我们已经了解了在哪个季节什么样的鱼味道最鲜美，现在应该学习如何选择新鲜的鱼了。我们总认为自己不太了解鱼，认为只是听取卖鱼人的话就可以买到鲜鱼，这种想法并不可取。记住以下事项，可以快速掌握选择新鲜的鱼的方法。

1 | 选择鱼眼和鱼鳃比较清澈透明的鱼

观察鱼的眼睛和鳃是我们通过肉眼了解鱼的新鲜度的最好方法。如果看到鱼眼发暗或看到红色的血管，那就说明这条鱼已经不新鲜了。然后要打开鱼鳃看一下它是否呈现红色并且明亮，如果鱼鳃开始呈现黑色，说明鱼也不新鲜了。

2 | 选择颜色鲜亮，表面没有伤口的鱼

如果鱼的表面有伤口，那这条鱼就很容易腐烂，还要特别关注一下鱼鳞是不是紧致。

3 | 选择肉质比较结实的鱼

选择用手按压鱼肉时结实且有弹力的鱼。按压的痕迹不能轻易回到原来的状态，就说明这条鱼不新鲜了。

4 | 确认是否散发出难闻的腥味

不管怎么说鱼都会散发出其所特有的腥味，但新鲜的鱼腥味比较淡薄，要确认鱼是否散发出难闻的腥味，尤其要确认鱼是否散发出腐烂变质时那种难闻的味道。

● 在家就能用到的简单的收拾鱼的方法

一般情况下，我们从水产商店买回来鱼，都会按照蒸着吃、烤着吃或者做汤喝的用途来收拾鱼。大部分人在买鱼时会让老板按照自己想要做的料理来简单收拾一下鱼。尽管如此，有时我们还是要亲自收拾鱼，所以有必要了解收拾鱼的方法。即使在家里或钓鱼处等野外的地方也不要害怕收拾鱼，下面这些方法可以让

我们轻易将其收拾好。

用家用的刀切鱼片或截断鱼不太容易，所以需要切鱼片或截断鱼的时候最好让出售者给切好，这样鱼的切面比较干净利落。

1 | 用剪刀剪掉鱼鳍

认真去除背鳍、胸鳍、腹鳍、尾鳍等鱼鳍，因为鱼鳍都比较小，所以最好用剪刀。

2 | 用刀刮掉鱼鳞

鲷鱼和黄花鱼等鱼都有鱼鳞，如果将鱼浸在水里就会看不清鱼鳞，刮鳞时还会溅出来，所以在洗涤槽里刮鱼鳞比较好。

3 | 切开鱼肚，去除内脏

剪切鱼肚的时候从鱼鳃的中间部分开始往下剪，之后剖开鱼肚，去除内脏和包裹着内脏的黑色的表皮，然后将鱼洗干净。

4 | 根据需要按照鱼鳃的样子剪切鱼头部分

根据要做的料理的特性和鱼鳃的样子剪切掉鱼头。

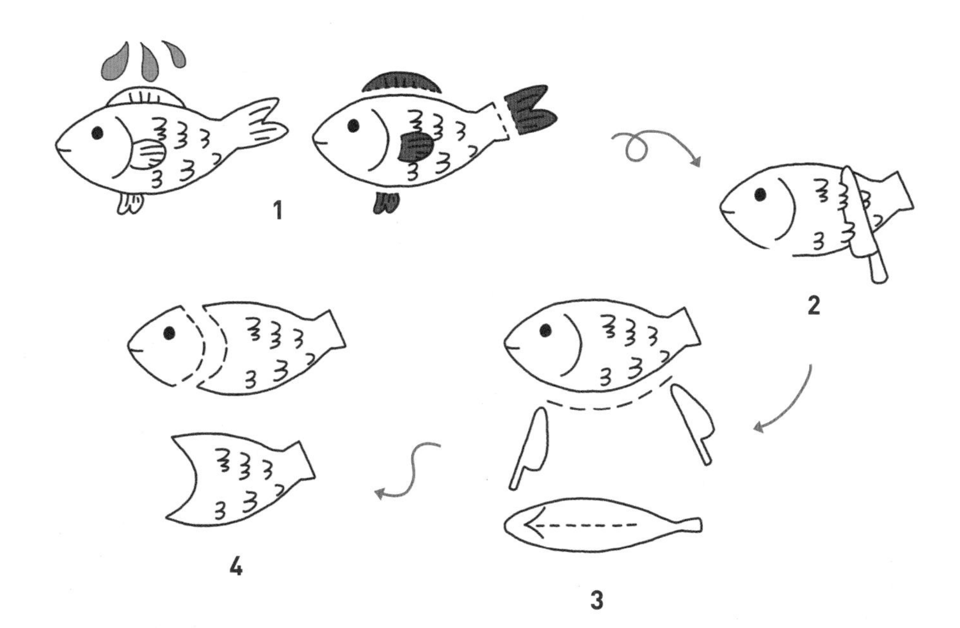

Part

2

菜肴与炖汤菜

烤秋刀鱼 / 酱包刀鱼 / 酱焖明太鱼干 / 辣烤黄太鱼 / 拌黄太鱼丝 / 黄太鱼汤 / 明太鱼肉松 / 坚果炒凤尾鱼 / 酱炒小凤尾鱼 / 辣炒凤尾鱼 / 尖椒炒小凤尾鱼 / 烤银鱼脯 / 辣椒酱炒烤鱼丝 / 蛤蜊疙瘩汤 / 蛤蜊大酱汤 / 酱焖秋刀鱼泡菜汤 / 烤青花鱼 / 大酱烤青花鱼 / 辣椒酱烤青花鱼 / 大酱萝卜缨炖青花鱼 / 咖喱烤鲅鱼 / 卷鲅鱼 / 鲅鱼汤 / 盐烤鲅鱼 / 照烧鲅鱼 / 黄花鱼辣椒酱 / 黄花鱼鲜辣汤 / 烤黄花鱼 / 飞鱼籽鸡蛋羹

鱼肚里包蒜的烤秋刀鱼

分量：2人份

烹饪时间：30分钟

难易度：初级

"秋天，当季的秋刀鱼富含维生素B12，可以有效预防贫血和各种慢性病。将大蒜夹入秋刀鱼中一起放进烤箱里烤的话，不仅味道纯正，而且家里也不会有鱼腥味。"

材料

- ☐ 秋刀鱼 2条
- ☐ 大蒜 4瓣
- ☐ 盐 1捏
- ☐ 胡椒粉 适量
- ☐ 食用油 少许

| 柠檬酱 |

- ☐ 水 1/4杯
- ☐ 边长5cm的方形海带 一张
- ☐ 洋葱 1/2个
- ☐ 香菇 2个
- ☐ 大蒜 2瓣
- ☐ 柠檬汁 2 大勺
- ☐ 酱油 1/4 杯（约60ml）
- ☐ 芥末 1小勺

制作指南

1. 将烤箱预热到190℃，然后把蒜切片。

2. 将秋刀鱼的内脏去除后，用水洗净，再用洗碗巾把水擦干，用剪刀剪掉鱼鳍和鱼尾。

   tip 鱼鳍和鱼尾烤的时候容易烤焦，所以要去掉。

3. 用刀在鱼身上每隔3cm划4~5道切口，然后在切口处夹入蒜瓣。

   tip 在鱼上放入蒜瓣，不仅有蒜的香味，还可以祛除鱼腥味。

4. 把秋刀鱼放入烤盘里，撒上盐和胡椒粉稍作调味后，在鱼的表层涂少许食用油，然后放入预热好的烤箱内烤20~25分钟，将鱼烤成黄色。

   tip 垫着牛皮纸烤的话可以有效防止秋刀鱼粘烤盘或烤糊。

5. 将烤好的秋刀鱼盛在盘子里，再做好柠檬酱油浇上去就完成了。

   tip 柠檬酱的做法请参照第一部分第4小节。

注意事项

将大蒜和切成条的大葱放入秋刀鱼鱼腹内，可以很好地祛除鱼腥味。如果将生姜切好放入鱼腹或者撒上罗勒或迷迭香等香草烤的话会更香气逼人。

2

3

4

注：本书中的料理步骤图只针对重点步骤进行配图，请根据图号参看相应的步骤说明。

美味倍增的酱包刀鱼

- 分量：1杯的分量
- 烹饪时间：50分钟
- 难易度：中级

“做鱼类料理最让人头疼的就是祛除鱼特有的腥味了吧。但只要用好作料，消除腥味不成问题。将刀鱼放入包饭酱内，做成刀鱼包饭酱，您就可以享受到美味倍增的包饭了！”

材料

| 凤尾鱼汤材料 |

- ☐ 水 2/3杯（约160ml）
- ☐ 凤尾鱼 10条
- ☐ 边长5cm的方形海带 1张
- ☐ 大蒜 2瓣

| 包饭酱 |

- ☐ 刀鱼 1条
- ☐ 食用油 少许
- ☐ 洋葱 1/2个（捣碎）
- ☐ 捣碎的大蒜 1大勺
- ☐ 青椒 2个（捣碎）
- ☐ 大酱 2/3杯（约180ml）
- ☐ 辣椒酱 3大勺
- ☐ 辣椒粉 1大勺
- ☐ 蜂蜜 1小勺
- ☐ 香油 1大勺
- ☐ 花生 3大勺（捣碎）

制作指南

1. 将祛除了内脏的刀鱼烤熟或蒸熟后，把肉剔出来。

如果嫌剔刀鱼肉麻烦的话，可以用刀鱼罐头代替。

2. 在锅内倒入凤尾鱼汤材料，烧5分钟使鱼汤滚烫后，滤出汤料，剩下的就是凤尾鱼汤。

3. 在锅里放上油，把第1步中剔好的刀鱼肉放入锅里炒2~3分钟。

4. 然后将捣碎的洋葱放入锅中炒至洋葱为透明状，再放入大蒜、青椒继续炒1分钟。

5. 放入大酱、辣椒酱、辣椒粉、蜂蜜，炒1分钟后，倒入凤尾鱼汤，小火炖约10~15分钟，炖至糊状。

6. 关掉火，放入香油和捣碎的花生拌匀，完成。

1

5

6

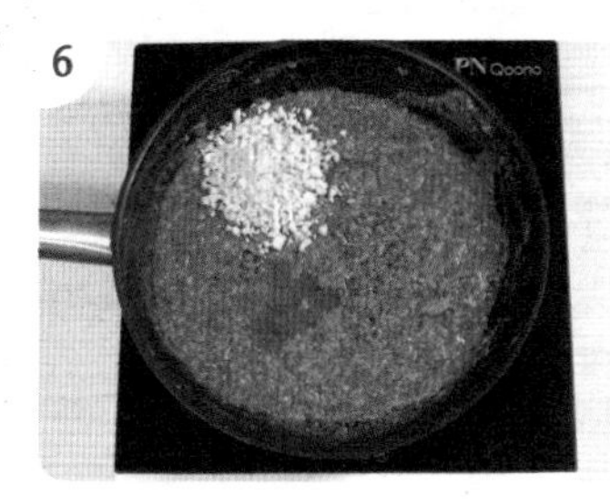

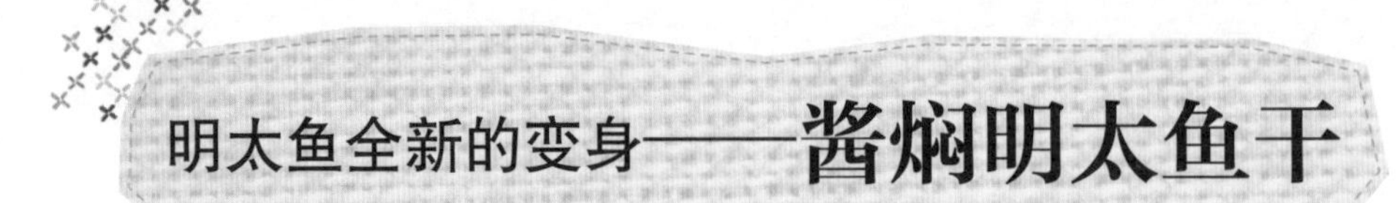

明太鱼全新的变身——酱焖明太鱼干

- 分量：2人份
- 烹饪时间：40分钟
- 难易度：中级

“明太鱼干味美价廉，还可以做成各种各样的小菜，因而深受欢迎。试试将祭祀桌上的明太鱼干放入稍咸的酱料炖成下饭菜吧！”

□ 明太鱼干 3张 （或者明太鱼 3条）	**| 酱料 |**	
	□ 水 4大勺	□ 捣碎的大蒜 1大勺
□ 辣椒丝 少许	□ 酱油 3大勺	□ 香葱 1根（捣碎）
	□ 清酒 1大勺	□ 芝麻 1小勺
	□ 蜂蜜 1/2大勺	□ 胡椒粉 少许

1. 将明太鱼干的鱼头去掉，并剥去鱼皮，将大的鱼刺用手摘除。

2. 将处理好的明太鱼剪成5~7cm长度后放入盆中，倒入水泡10分钟，等明太鱼干鼓起来之后控干水。

3. 在盆中放入酱料后搅拌。

4. 将明太鱼放入烧热的锅内，在上面撒上酱料后，开始蒸。在蒸的过程中，每隔一段时间浇上一层酱料。炖熟后，盛入盘中，撒上辣椒丝，完成。

1

2

4

餐桌上的开胃菜——辣烤黄太鱼

分量：2人份

烹饪时间：40分钟

难易度：中级

“没有食欲的日子里，以香辣可口而出名的烤黄太鱼可以让你重新找回食欲。香辣可口的烤黄太鱼，口感好，有嚼头，绝对是一道不错的开胃菜。”

材料

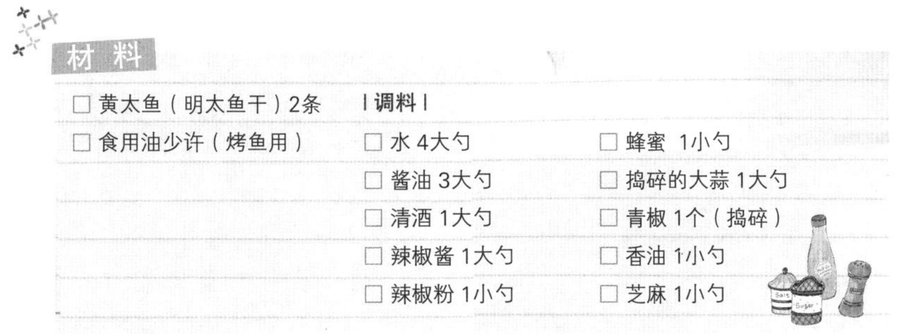

- ☐ 黄太鱼（明太鱼干）2条
- ☐ 食用油少许（烤鱼用）

| 调料 |

- ☐ 水 4大勺
- ☐ 酱油 3大勺
- ☐ 清酒 1大勺
- ☐ 辣椒酱 1大勺
- ☐ 辣椒粉 1小勺
- ☐ 蜂蜜 1小勺
- ☐ 捣碎的大蒜 1大勺
- ☐ 青椒 1个（捣碎）
- ☐ 香油 1小勺
- ☐ 芝麻 1小勺

制作指南

1. 将去掉头的明太鱼干放入盆中，倒入水泡好后，去掉鱼刺和鱼鳍，在表层用刀切4~5cm的刀口，然后务必控干水分。

2. 在盆中放入调料搅拌均匀后，抹在剪好的明太鱼干上入味20分钟。

3. 在烧热的锅上抹上食用油后开始烤，注意不要烤糊了，烤好后盛到盘子里，大功告成。

1

2

3

香辣可口又带咸味的拌黄太鱼丝

分量：2人份

烹饪时间：20分钟

难易度：初级

"辣辣的、咸咸的酱黄太鱼是食欲不好时的最佳开胃菜。操作容易，吃起来方便，给年龄稍大些的孩子吃也正合适。"

材料

- □ 黄太鱼丝 50克（2撮）
- □ 清酒 2大勺
- □ 水 2大勺
- □ 装饰用切碎的香葱 少许

| 调料 |

- □ 辣椒酱 2大勺
- □ 辣椒粉 1小勺
- □ 清酒 2小勺
- □ 蜂蜜 2小勺
- □ 香油 2大勺
- □ 切碎的大蒜 1大勺
- □ 水 1大勺
- □ 芝麻 1小勺

制作指南

1. 将清酒和水混合后，把剪成5cm的黄太鱼丝放进去泡10分钟，控干水分。

tip 将黄太鱼丝放入清酒中泡一会，可以使其变松软，并能祛除杂味。

1

2. 将调料在盆中搅拌之后倒入锅中煮，然后将黄太鱼丝放入之后翻炒，拌匀。

tip 调料烧沸腾后，放入黄太鱼丝翻炒，炒至清酒中的酒精蒸发完为止。

2

3. 盛入盘中，撒上切碎的香葱末，完成。

3

注意事项

黄太鱼是将产卵期的明太鱼挂在架子上经过反复二十次的冰冻、晾干的过程之后做成的明太鱼干。因为其像沙参一样干，所以也称为沙参明太鱼干。

吃了就心情舒畅的黄太鱼汤

分量：2人份

烹饪时间：40分钟

难易度：中级

"在有名的明太鱼汤连锁店吃过这道菜之后，想在家里做了吃，结果却苦于做不出那个味道。用黄太鱼干在家尝试一下吧！做起来简单而且味道也丝毫不逊色于连锁店。"

材 料

| 凤尾鱼汤材料 |

- □ 水 1L
- □ 凤尾鱼 10条
- □ 5cm的方形海带 2张

| 其他材料 |

- □ 黄太鱼丝 50g（2撮）
- □ 泡黄太鱼干的水 1/2杯（125ml）
- □ 香油 1小勺
- □ 捣碎的大蒜 1小勺
- □ 豆腐 1/2方
- □ 青椒 1个（斜切丝）
- □ 大葱 1/2根（斜切丝）
- □ 煮汤用的酱油 1大勺
- □ 盐 1撮
- □ 胡椒粉 少许
- □ 鸡蛋 1个（打散备好）
- □ 装饰用红椒 少许（斜切丝）
- □ 大头芥菜 1/3个

制作指南

1. 将黄太鱼丝剪成5cm左右的长条，豆腐切成2cm左右的块。

2. 在锅里放上凤尾鱼汤的材料后煮10分钟，捞出汤料后留汤备用。

   tip 用凤尾鱼汤更美味，如果不方便做用清水代替也可以。

3. 将黄太鱼干放入盆里，倒入水泡10~20分钟之后，等黄太鱼干泡软了捞出来。

4. 调好小火，把油烧热后，将黄太鱼干倒入锅里翻炒2分钟左右，再倒入凤尾鱼汤后开始煮。

5. 汤煮好后，放入豆腐和切好的大蒜、大葱、青椒，拌匀，再放入煮汤用的酱油。

6. 汤烧开一次后，放入盐、胡椒粉，并把打好的鸡蛋和大头芥菜一起放入，等鸡蛋稍微熟了，放入红辣椒。待红辣椒的水分减少后，关掉火，盛入碗中，完成。

   tip 放入鸡蛋后不要煮太久，这样口感才好，卖相也不错。

注意事项

黄太鱼有解酒、促进肝脏解毒及新陈代谢的功效，喝完酒之后作为醒酒汤也是很不错的选择。

松软可口的明太鱼肉松

分量：2人份

烹饪时间：20分钟

难易度：初级

“这是一道松软可口的料理。明太鱼肉松是将明太鱼干磨成细丝之后，拌入调料做成的。搭配粥一起吃也是很不错的。”

材料

- □ 明太鱼丝 50g（2撮）

| 酱料 |

- □ 酱油 1小勺
- □ 蜂蜜 1/4小勺
- □ 香油 1小勺
- □ 芝麻 1/2小勺

| 辣椒粉调料 |

- □ 辣椒粉 1/2小勺
- □ 盐 2捏
- □ 芝麻 1/2小勺

制作指南

1. 将明太鱼干放入粉碎机里磨成明太鱼末。

2. 将磨细的明太鱼末分成两份，一份放入做好的酱料里用手轻轻地搅拌均匀。

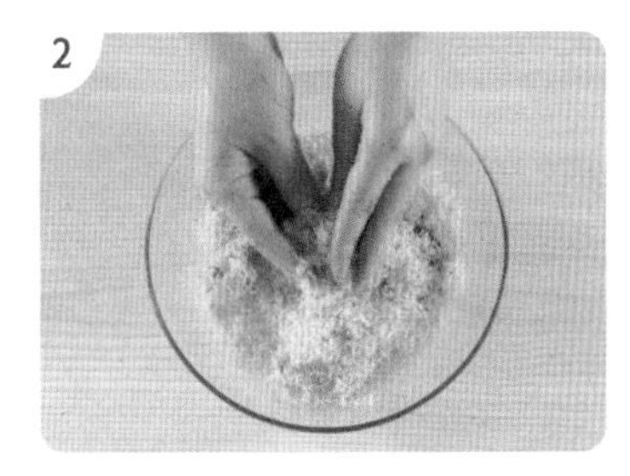

3. 将另一份明太鱼末里放入盐拌匀后，放入辣椒粉和芝麻拌匀，做得松软点。

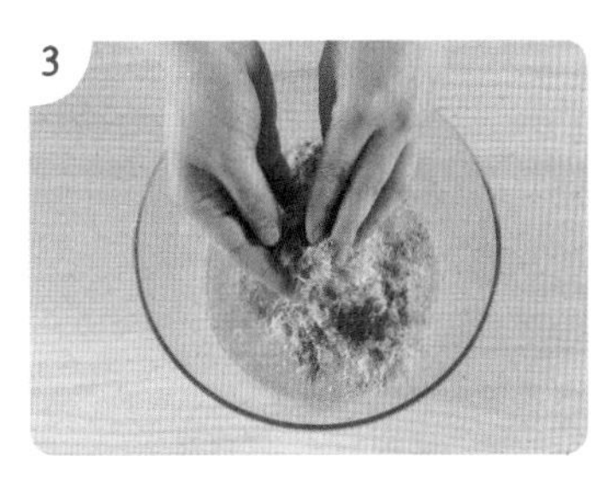

放入调料搅拌的时候，用手使劲拌，容易使鱼肉松形成一团一团的，而不够松软，所以一定要轻轻地搅拌。

又甜又脆的、点心一样可口的坚果炒凤尾鱼

分量：2人份

烹饪时间：20分钟

难易度：初级

"尝试将香甜可口又有嚼头的坚果做成美食吧。不加其他的调味品，只放入自己喜欢的坚果和蜂蜜做成的坚果小吃，因为其像点心一样甜脆可口，而成为孩子们非常喜欢的一道菜。"

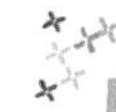

材 料

- □ 小凤尾鱼 100g
- □ 核桃 30g
- □ 花生 30g
- □ 杏仁 30g
- □ 蜂蜜 2大勺
- □ 香油 1大勺
- □ 芝麻 1小勺

制作指南

1. 将凤尾鱼放入干的锅内炒5分钟，滤掉杂物在少许油的锅里炒到脆的程度再放入核桃、花生、杏仁轻炒。

   tip 还可以根据自己的口味选用其他坚果。

2. 关掉火，放入蜂蜜，搅拌均匀之后，倒入香油，撒上芝麻，完成。

   tip 倒入蜂蜜如果继续炒的话，凉之后会变硬，所以，倒入蜂蜜之后要关上火并立即将其搅拌均匀。

注意事项

在干燥的锅内把凤尾鱼翻炒之后，将其放在筛子里筛掉其他杂物，这样看上去更干净，味道也更可口。筛完之后下锅炒之前，在锅里抹少许食用油，味道会更佳。

怎么吃都吃不腻的酱炒小凤尾鱼

分量：2人份

烹饪时间：20分钟

难易度：初级

"这次介绍的是带有咸咸的酱油味的酱炒小凤尾鱼。小凤尾鱼怎么做都好吃，通过不同的料理方法做出来的小凤尾鱼，让人怎么吃都吃不腻。"

材 料

□ 小凤尾鱼 100g（4小撮）	□ 芝麻 1小勺	□ 蜂蜜 1大勺
□ 胡萝卜 20g		□ 酸梅汁 1大勺（可省）
□ 青辣椒 1个	**｜酱料｜**	
□ 红辣椒 1个	□ 水 2大勺	
□ 香油 1大勺	□ 酱油 1小勺	

制作指南

1. 将胡萝卜、青辣椒、红辣椒切成长5cm左右的丝。

   tip 辣椒要祛除种子。

2. 将酱料放入碗里搅拌均匀。

3. 将凤尾鱼放入筛子里筛出杂物之后，小火热锅，然后把筛好的凤尾鱼放进少油锅里炒至黄色。

   tip 如果将炒过一遍的凤尾鱼再用筛子筛一遍的话，味道会更纯正。

4. 将炒好的凤尾鱼和切好的胡萝卜、青辣椒、红辣椒一起炒好后单独盛在碗里。

5. 将酱料放入锅中炒至黏稠状，把盛好的凤尾鱼和辣椒、胡萝卜倒入锅中搅拌之后，关上火，撒上香油、芝麻，完成。

   tip 因为小凤尾鱼比大的相对来说更咸一些，所以最好根据凤尾鱼的大小决定酱料中酱油是用1小勺还是1大勺。

3

4

5

又辣又好吃的辣炒凤尾鱼

分量：2人份

烹饪时间：20分钟

难易度：初级

“在好吃的凤尾鱼中放入辣的调料，可以让凤尾鱼更加美味。我本人非常喜欢凤尾鱼，而最喜欢的就是辣椒酱炒凤尾鱼。”

材料

- ☐ 凤尾鱼 100g（4撮）
- ☐ 食用油 少许（炒菜用）
- ☐ 蜂蜜 1大勺
- ☐ 香油 1大勺

| 辣椒酱料 |

- ☐ 酱油 2大勺
- ☐ 清酒 1小勺
- ☐ 辣椒酱 4大勺
- ☐ 捣碎的大蒜 1大勺
- ☐ 香葱 1根（捣碎）
- ☐ 青椒 1个（捣碎）
- ☐ 酸梅汁 1小勺（可省）
- ☐ 芝麻 2小勺
- ☐ 胡椒粉 少许

制作指南

1. 将辣椒酱材料放入碗里搅拌均匀。

2. 将凤尾鱼放入筛子中筛掉碎渣和杂物之后，在锅里放上油，将凤尾鱼炒至金黄色。

3. 换小火，把辣椒酱放入锅里和凤尾鱼搅拌均匀之后，用小火炒2~5分钟，关上火。

   tip 将调料放入锅之前，把炒过一遍的凤尾鱼再筛一遍的话，味道会更纯正。

4. 倒入蜂蜜使其润泽之后，放入香油，完成。

1

2

4

梦幻的搭配——尖椒炒小凤尾鱼

分量：2人份

烹饪时间：30分钟

难易度：初级

"和小凤尾鱼搭配绝佳的就是尖椒. 尖椒所含的辣椒素具有抗酸化的效果，能促进胃液的分泌，增进食欲。"

材料

- □ 凤尾鱼 100g（4撮）
- □ 尖椒（中等大小）20~25个

|酱料|

- □ 水 1大勺
- □ 酱油 2大勺
- □ 清酒 1大勺
- □ 捣碎的大蒜 1小勺
- □ 蜂蜜 1大勺
- □ 香油 1大勺
- □ 芝麻 1小勺

制作指南

1. 把尖椒洗净后，去掉辣椒柄，然后用牙签戳五六个孔。

2. 将酱料放入碗里搅拌均匀。

3. 将小凤尾鱼用筛子筛掉渣和杂物之后，放在干燥的锅里炒掉水分，然后单独盛在碗里。

   tip 在干燥的锅里把凤尾鱼炒一炒能减轻鱼腥味，并可以使其香脆可口。

4. 将酱料放入锅里煮好之后，把凤尾鱼和尖椒放入锅中炒3~5分钟，关火。

5. 拌入蜂蜜、香油、芝麻，完成。

1

3

5

注意事项

在辣椒上戳孔的话，可以防止辣椒在料理的过程中胀破，并且可以使调料进入辣椒内，使其更入味。大辣椒可以切成两半，并把辣椒子剔除，这样可以使料理更干净。

总是让人忍不住想吃的**烤银鱼脯**

- 分量：银鱼脯10张
- 烹饪时间：30分钟
- 难易度：初级

“这是一道像零食一样的料理。每次一张一张地拿着吃，不一会儿就吃完了，还意犹未尽。虽然银鱼脯怎样调味都好吃，但最普遍也最好吃的辣椒酱和银鱼脯才是最佳搭配。”

材料

□ 银鱼脯 10张	**| 辣椒酱调料 |**	
□ 食用油 少许	□ 酱油 2大勺	□ 捣碎的蒜 1大勺
	□ 辣椒酱 4大勺	□ 捣碎的大葱 1大勺
	□ 蜂蜜 2大勺	□ 芝麻 2大勺
	□ 香油 2大勺	

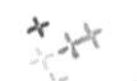

制作指南

1. 将辣椒酱的调料放入碗里拌匀。

2. 将辣椒酱料均匀地抹在银鱼脯上，并叠放在一起放置10分钟。

   tip 如果没有料理用的毛刷，可以用勺子的背面代替。

3. 将烧热的锅里抹上油之后，把银鱼脯两面都均匀烤完，用剪刀剪成合适的大小，完成。

1

2

3

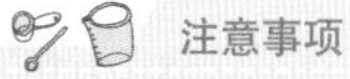

注意事项

银鱼脯是把小鱼苗晒干后加工制成的，因其钙含量比凤尾鱼高，是对孕妇和孩子很好的料理。

松软的辣椒酱炒烤鱼丝

分量：2~3顿的分量

烹饪时间：30分钟

难易度：初级

"烤鱼丝好吃，但吃起来硬邦邦的。而用这种方法可以把烤鱼丝做成松软又可口的料理。牙口不好的老年人和幼小的孩子也可以尽情享用。"

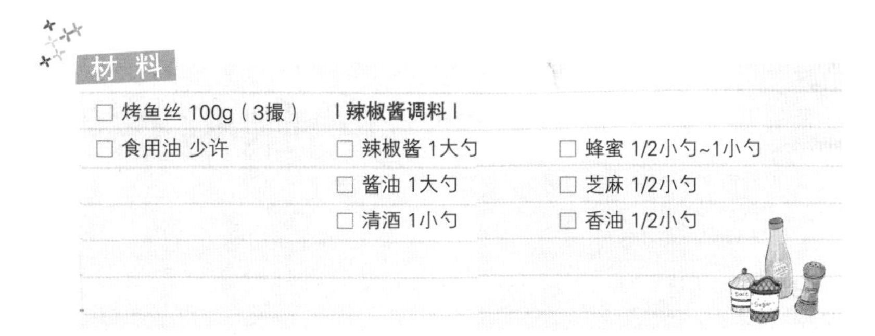

材料

- □ 烤鱼丝 100g（3撮）
- □ 食用油 少许

| 辣椒酱调料 |

- □ 辣椒酱 1大勺
- □ 酱油 1大勺
- □ 清酒 1小勺
- □ 蜂蜜 1/2小勺~1小勺
- □ 芝麻 1/2小勺
- □ 香油 1/2小勺

制作指南

1. 将烤鱼片放入容器里用水泡5~10分钟之后，沥干水分。

为了吃起来方便，也可以把烤鱼片剪开。

2. 将辣椒酱调料放入锅里烧热后关上火。
3. 在烧热的锅里抹上食用油，然后把泡好的烤鱼片放入锅里炒一下，再将调料放入锅里炒至均匀。
4. 放入香油和芝麻快速拌匀，完成。

1

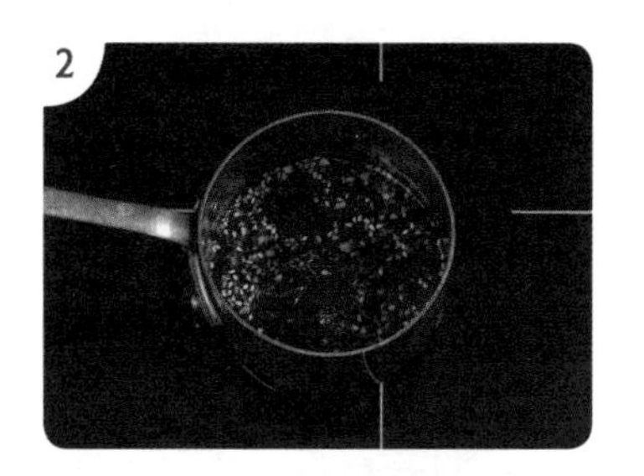

2

4

注意事项

如果烤鱼片腥味很重，可以在泡烤鱼片的时候在水里加1大勺清酒。

撕出来才更好吃的蛤蜊疙瘩汤

分量：2人份

烹饪时间：1小时

难易度：中级

“把手撕的面疙瘩和蛤蜊一起做成汤吧。筋道的口感和清爽的汤绝对够美味。”

材 料

□ 中筋粉 1杯半（220g）
□ 盐 1捏
□ 和面水 1/2杯
□ 蛤蜊 200g
□ 西葫芦 1/2个（切成半圆片）
□ 土豆 1个（150g，切丝）
□ 大葱白 1段（斜切丝）
□ 水 1.5L
□ 盐 1/2小勺
□ 胡椒粉 少许

制作指南

1. 在中筋粉中放入盐和半杯和面水和好之后，裹上保鲜膜饧一会儿。将蛤蜊放入淡盐水里洗掉淤泥。

2. 在锅里倒入1.5L水，然后把收拾好的蛤蜊放进去煮，煮至蛤蜊口张开之后，再把它们捞出来，只把肉剔出来。

3. 在蛤蜊汤中放入土豆，并把和好的面用手撕成面片放入锅里，煮2~3分钟，当沉底的面片都浮上来时就是熟了，关火。

4. 把蛤蜊肉和西葫芦放入锅里，煮一小会后，放入大葱，再煮1分钟。最后放入盐、胡椒粉，调好咸淡盛入碗里。

1

2

3

注意事项

从市场里买生的刀削面或饺子皮撕成小片煮的话更方便省事。将和好的面做成刀削面的话，可以做成蛤蜊刀削面。

更添清爽口感的蛤蜊大酱汤

分量：2人份

烹饪时间：40分钟

难易度：中级

"蛤蜊可以增加汤的清爽口感，在香喷喷的大酱汤里放入蛤蜊做成蛤蜊大酱汤，味道更加鲜美清爽。"

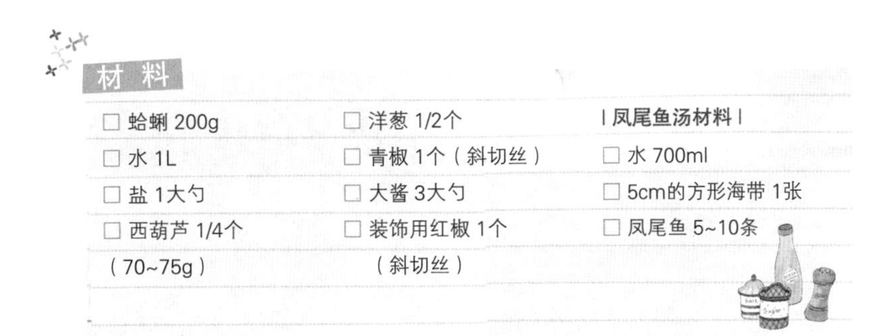

材料

- □ 蛤蜊 200g
- □ 水 1L
- □ 盐 1大勺
- □ 西葫芦 1/4个（70~75g）
- □ 洋葱 1/2个
- □ 青椒 1个（斜切丝）
- □ 大酱 3大勺
- □ 装饰用红椒 1个（斜切丝）

| 凤尾鱼汤材料 |

- □ 水 700ml
- □ 5cm的方形海带 1张
- □ 凤尾鱼 5~10条

制作指南

1. 在1L水中放入1大勺盐，溶解后，把蛤蜊放入盐水中并盖住容器顶部，闷大约半个小时左右，使蛤蜊吐出淤泥。

2. 将凤尾鱼和700ml水以及海带放入锅里煮开后，捞出汤内的杂物，只留汤备用。

3. 将大酱溶入凤尾鱼汤中，放入洋葱、西葫芦、青椒煮一小会儿。把蛤蜊放入锅里再煮5分钟之后关火，用红椒装饰，完成。

简单易做的酱焖秋刀鱼泡菜汤

- 分量：2人份
- 烹饪时间：30分钟
- 难易度：初级

“如果对处理秋刀鱼没有自信，又想吃个简便而没有腥味的鱼料理的话，酱刀鱼炖泡菜汤是个不错的选择。只要掌握酱刀鱼的制作方法谁都可以轻易做出这道菜。”

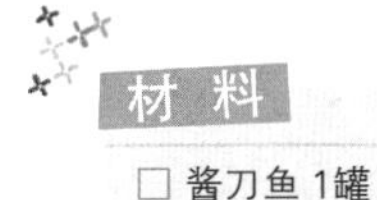

材料

☐ 酱刀鱼 1罐
☐ 泡菜 200g
☐ 泡菜汤 1/2杯（125ml）
☐ 洋葱 1/2个
☐ 青椒 1/2个（斜切丝）
☐ 红椒 1/2个（斜切丝）

| 凤尾鱼汤材料 |

☐ 水2杯（500ml）
☐ 5cm的方形海带 2张
☐ 凤尾鱼 5~10条

制作指南

1. 将凤尾鱼汤的材料放入锅里烧开。捞出材料，留汤备用。

2. 将洋葱切丝，把泡菜切成5cm长。

   tip 如果泡菜内调料太多的话，稍微抖一下，不要用水洗。

3. 把酱刀鱼从罐里抠出来，把油滗掉。

4. 在锅里放入切好的洋葱和泡菜，并倒入做好的凤尾鱼汤，煮10分钟。

5. 放入去掉油的刀鱼再煮2~3分钟后，放入辣椒，完成。

3

4

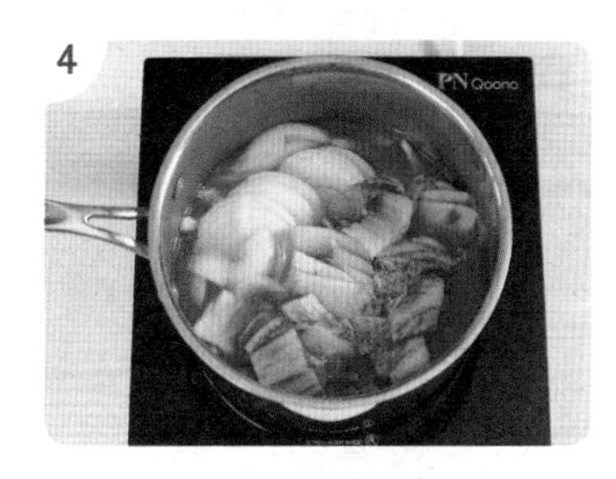

5

注意事项

如果一开始就把刀鱼放入锅里煮的话，肉会被煮散，所以要先煮一会儿再放入刀鱼。

有利于减肥的烤青花鱼

分量：2人份

烹饪时间：20分钟

难易度：初级

"富含不饱和脂肪酸的青花鱼，不仅有助于减肥，还含有丰富的蛋白质，且味道清爽，可尽情享用！鲜活的青花鱼蘸着爽口的柠檬酱吃的话，可以让你感受到与腌青花鱼完全不同的另一种风味。"

- ☐ 鲜青花鱼 1条
- ☐ 食用油（烤时用） 少许

| 柠檬酱材料 |

- ☐ 水 1/4杯（60ml）
- ☐ 5cm方形海带 1张
- ☐ 洋葱 1/2个
- ☐ 香菇 2个
- ☐ 大蒜 2瓣
- ☐ 柠檬汁 2大勺
- ☐ 酱油 1/4杯（60ml）
- ☐ 辣根 1小勺

1. 将青花鱼从中间竖着剪开，去除内脏。

2. 在烧热的锅里抹上食用油，小火将青花鱼的背面烤2分钟之后，把鱼翻过来再烤2~3分钟。

tip 烤鱼的时候，要先烤有鳞片的背面。因为鱼背面的鳞片受热会蜷缩，如果不先烤的话，肉容易碎。

3. 在锅里放入水、洋葱、香菇、大蒜、海带之后，烧开。然后彻底冷却。

4. 放入酱油和柠檬汁后拌匀，用筛子筛出酱油。

tip 柠檬汁在蔬菜汤热的时候放入的话，香味会散失，味道也会变淡，所以要等汤完全冷却后再放入。还有，如果做的量比较多，也可以吃之前再撒上柠檬汁。

5. 将柠檬酱盛在小碗里，根据个人口味放入适量辣根，与烤好的青花鱼一起装盘，完成。

没有腥味的大酱烤青花鱼

- 分量：2人份
- 烹饪时间：45分钟
- 难易度：初级

“将青花鱼涂上充满蒜香味的大酱料再烤的话，不仅祛除了腥味，还增添了香味。这绝对是一道开胃好菜。”

- ☐ 鲜青花鱼 1条
- ☐ 装饰用捣碎的大蒜少许
- ☐ 食用油少许（烤鱼用）

| 大酱调料 |

- ☐ 清酒1 大勺
- ☐ 大酱 2大勺
- ☐ 蜂蜜 1/4小勺
- ☐ 捣碎的蒜 1大勺
- ☐ 生姜末或生姜汁 1小勺（可省）

1. 将大酱调料放入碗里搅拌均匀。

调料里放入蜂蜜是为了增加酱的美味，需要注意的是不要放太多以免造成甜味太重。

2. 在处理好的青花鱼肉上抹上1大勺调好的酱料腌30分钟。

3. 在烧热的锅上抹上食用油，用小火先将青花鱼背面烤3~4分钟，再翻过来烤2~3分钟，然后把捣碎的蒜末洒在鱼上面装饰一下，完成。

tip 在烤没抹酱料的背面时，盖上锅盖，充分烤完后再翻过来，这样可以保持酱料不被烤糊而又把鱼烤熟。

2

3

注意事项

因为腌青花鱼太咸，所以要用鲜青花鱼。大酱调料不仅适用于青花鱼，与其他鱼也是搭配很不错的酱料，可以根据自己的喜好尽情烤各种鱼。

味道清淡的辣椒酱烤青花鱼

分量：2人份
烹饪时间：30分钟
难易度：初级

“鲜青花鱼的清淡加上一点辣味，一点甜味，一点咸味，这就是辣椒酱烤青花鱼。在食欲不佳的时候当作小菜绝对是不错的选择。”

材料

- ☐ 鲜青花鱼 1条
- ☐ 食用油 少许（烤鱼用）

| 辣椒酱调料 |

- ☐ 辣椒酱 3大勺
- ☐ 辣椒粉 1大勺
- ☐ 酱油 1小勺
- ☐ 清酒 1大勺
- ☐ 酸梅汁 2大勺（可省）
- ☐ 蜂蜜 1大勺
- ☐ 捣碎的大蒜 1大勺
- ☐ 香葱 1根（切碎）
- ☐ 青椒 1个（切碎）
- ☐ 香油 1大勺

| 装饰 |

- ☐ 青椒 1/2个（切碎）
- ☐ 香葱 1根（切碎）
- ☐ 芝麻 少量

制作指南

1. 将辣椒酱的调料放入碗里拌匀。

2. 在烧热的锅中抹上食用油，用中火把青花鱼的背面烤2分钟后，翻过来再烤2分钟，烤至八成熟。

3. 换成小火后，把一半辣椒酱抹在鱼肉上烤1分钟后，把鱼翻过来，把剩下的辣椒酱抹上后再烤1分钟。

锅里油滋滋的话，用洗碗巾擦洗干净后再抹辣椒酱料。

4. 把青花鱼盛在盘子里，用锅里剩下的辣椒酱抹在上面之后，撒上切碎的青椒，香葱、芝麻，完成。

注意事项

鱼烤太久的话会变干变硬，不好嚼，所以，为了使口感松软，第一遍烤的时候要烤至八成熟，抹上调料之后再完全烤熟。

餐桌上很受欢迎的

大酱萝卜缨炖青花鱼

分量：2~3人份

烹饪时间：40分钟

难易度：中级

"富含矿物质和膳食纤维素的萝卜缨与青花鱼搭配在一起，营养素相互补充，是一道对身体特别好的营养餐。另外，美味的萝卜缨还可以有效缓解便秘。"

材料

□ 青花鱼 1条	**| 大酱调料 |**	□ 捣碎的大蒜 2大勺
□ 萝卜缨 200g	□ 大酱 3大勺	
（或干萝卜缨1撮）	□ 辣椒酱 2大勺	**| 装饰 |**
□ 土豆 2个	□ 辣椒粉 3大勺	□ 青、红辣椒 少许（切丝）
□ 洋葱 1/2个	□ 酱油 2大勺	□ 斜切丝的大葱 少量
□ 萝卜 1块（300g）	□ 清酒 1大勺（可省）	
	□ 蜂蜜 1/2小勺	

制作指南

1. 青花鱼按照做汤的方法处理好，土豆四等份，洋葱切丝。萝卜切成1cm左右厚度像银杏叶的形状。

2. 如果用干萝卜缨，将萝卜缨放入凉水中泡3个小时左右，再放入热水中煮30分钟左右，再在凉水中冲洗几遍之后剪成合适大小。

   tip 也可以使用市场上卖的已经煮好的萝卜缨，这样会更简便。

3. 把大酱的调料放入碗里搅拌均匀之后，把萝卜缨拌进去。

4. 在锅底层铺上萝卜，放上青花鱼,再放上拌好的萝卜缨，再把土豆插空放进去，倒入水至材料被水没过。煮10~15分钟。煮熟之后，放入切好的辣椒和大葱，完成。

   tip 如果用的是腌青花鱼，有可能会咸，可以通过水量来调节咸淡。

3

4

注意事项

用蔬菜凤尾鱼汤代替生水的话，汤的味道会更浓。也可以用500ml水，放入2张5cm的方形海带，1/2洋葱，2瓣大蒜，一段大葱，5粒胡椒煮的汤。

强烈向大家推荐的咖喱烤鲅鱼

分量：2人份

烹饪时间：5分钟

难易度：初级

“冬季最美味的鱼就是青背的鲅鱼。鲅鱼的DNA可以预防痴呆，增强记忆力，并具有预防癌症的效果。所以，我非常想把这道菜推荐给大家。”

材料

- ☐ 鲅鱼 1条（烤鱼用）
- ☐ 盐 1捏
- ☐ 胡椒粉 少许
- ☐ 食用油 少许

| 咖喱调料 |

- ☐ 清酒 1大勺
- ☐ 咖喱粉 4大勺
- ☐ 捣碎的大蒜 1小勺

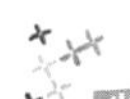

制作指南

1. 将咖喱的调料放入碗里搅拌均匀。
2. 在处理好的鲅鱼上撒上盐和胡椒粉稍微调下味，然后把咖喱调料均匀抹在鱼肉上腌30分钟。
3. 在烧热的锅上抹上食用油，先用中火烤鲅鱼皮，烤2~3分钟后，翻过来再烤2~3分钟之后完成，注意不要烤糊。

1

2

3

注意事项

咖喱粉中含有的姜黄可以有效缓解肩膀痛、生理痛、腹痛等，它所特有的香味可以减轻鱼腥味，是很适合用来做鱼的调料。同样的调料还可以抹在青花鱼、三文鱼、冻明太鱼或鳕鱼上之后烤，味道同样鲜美。

炖泡菜卷鲅鱼

- 分量：2人份
- 烹饪时间：50分钟
- 难易度：中级

"泡菜可以提高免疫力，抗老化，并有助于预防心脏病及动脉硬化。它富含鲅鱼中所缺的各种维生素和营养素。将一卷卷的泡菜展开后吃包在里面的鲅鱼别有一番滋味。这就是味道还不错的泡菜炖鲅鱼。"

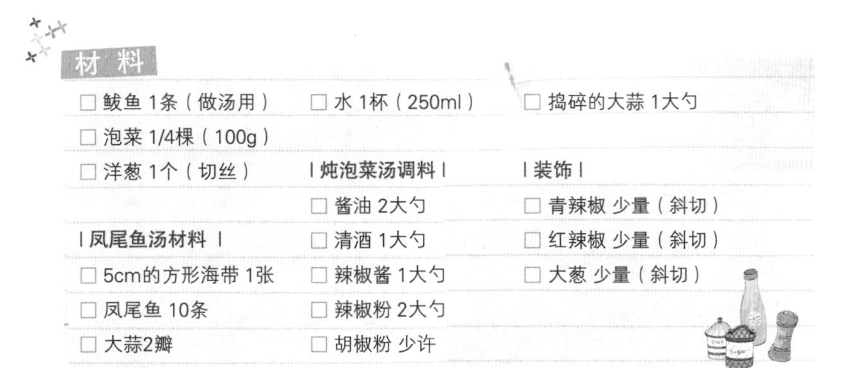

材料

- □ 鲅鱼 1条（做汤用）
- □ 泡菜 1/4棵（100g）
- □ 洋葱 1个（切丝）

| 凤尾鱼汤材料 |

- □ 5cm的方形海带 1张
- □ 凤尾鱼 10条
- □ 大蒜2瓣
- □ 水 1杯（250ml）

| 炖泡菜汤调料 |

- □ 酱油 2大勺
- □ 清酒 1大勺
- □ 辣椒酱 1大勺
- □ 辣椒粉 2大勺
- □ 胡椒粉 少许
- □ 捣碎的大蒜 1大勺

| 装饰 |

- □ 青辣椒 少量（斜切）
- □ 红辣椒 少量（斜切）
- □ 大葱 少量（斜切）

制作指南

1. 将凤尾鱼汤的材料放入锅中煮一会之后关上火，捞出材料，留汤备用。

2. 把炖泡菜的材料放入碗里搅拌均匀。

3. 把每块鲅鱼用2~3片泡菜叶裹起来。

4. 在锅底铺上切成丝的洋葱，再把泡菜裹起来的鲅鱼放在上面，然后放入炖泡菜的调料。倒入凤尾鱼汤，使其盖过材料，中火煮约20分钟。

   tip 凤尾鱼汤不够时可倒入适量的水。

5. 调成小火再煮10~15分钟，至泡菜熟透。然后撒上切好的辣椒和大葱再煮3~5分钟后，关火，完成。

3

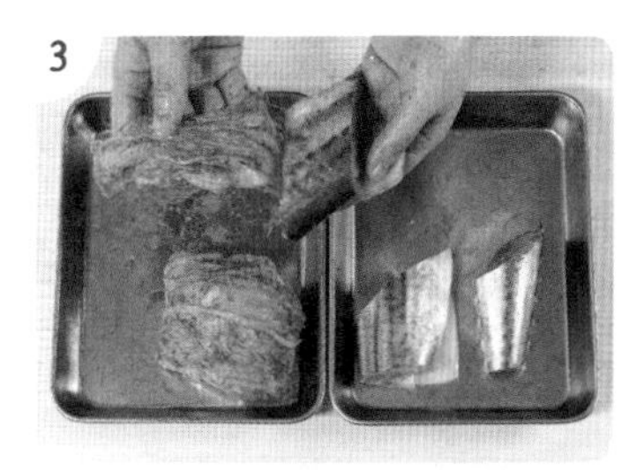

4

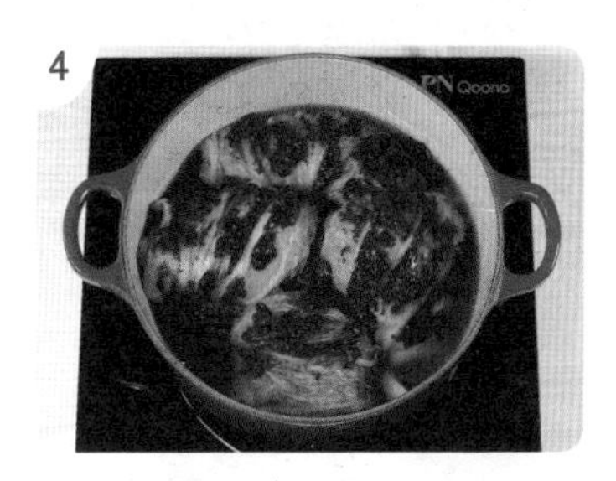

5

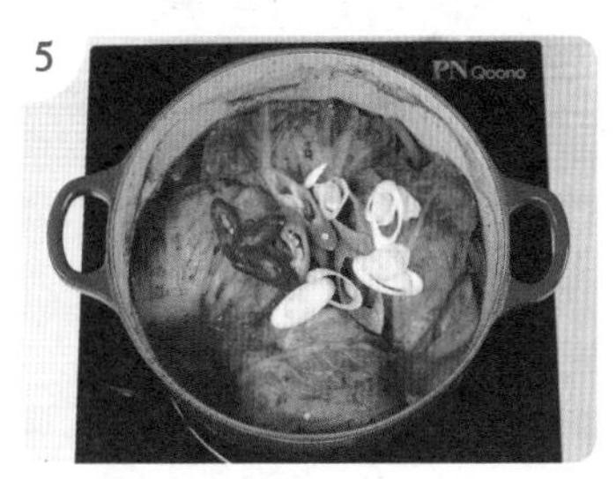

清淡温和的鲅鱼汤

分量：2~3人份

烹饪时间：50分钟

难易度：中级

"腥味淡且肉质松软的鲅鱼不仅烤着好吃，做汤也很不错。与人们普遍喝的鲜鱼汤一样，鲅鱼汤也是不用添加其他材料，只炖鲅鱼清汤味道就非常清淡温和，因此深受人们欢迎。"

材料

☐ 鲅鱼 1条（做汤用）	**I 凤尾鱼汤材料 I**	☐ 大蒜 3瓣
☐ 盐 1捏	☐ 水 1.2L	☐ 盐 2小勺
☐ 胡椒粉 适量	☐ 凤尾鱼 10条	
☐ 淀粉 少量	☐ 洋葱 1/4个	**I 装饰 I**
	☐ 萝卜 1块（约30g）	☐ 青辣椒 少量（切丝）
	☐ 干香菇 2个	☐ 红辣椒 少量（切丝）
	☐ 5cm的方形海带 2张	☐ 大葱 少量（切丝）

制作指南

1. 在锅里放入凤尾鱼汤材料煮开后，捞出汤内材料，在汤内放入盐稍作调味备用。

2. 把鲅鱼切成适当大小之后，撒上盐和胡椒粉腌30分钟。

3. 将腌好的鲅鱼正反面蘸上淀粉之后放入煮开的凤尾鱼汤里。

4. 等鲅鱼熟了浮在汤上面时，把鱼盛入盘中撒上装饰用的切好的辣椒和大葱，完成。

tip 因为鲅鱼的肉非常易碎，在盛的时候要注意不要把鱼肉弄碎了。

2

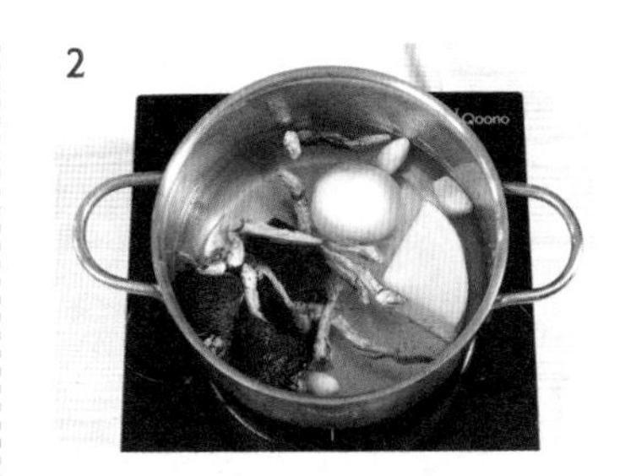

3

4

注意事项

在专门处理鱼的地方可以买到鱼头和鱼骨头的话，用1L水放入2瓣大蒜并放入鱼头和鱼骨头煮汤来用的话，味道会更加鲜美。

裹上雪花般盐衣的**盐烤鲅鱼**

- 分量：2人份
- 烹饪时间：50分钟
- 难易度：中级

“裹上一层盐衣的烤鱼，不用做调味都咸咸的，非常可口。‘啪啪’剥开盐衣，吃起来别有一番滋味。”

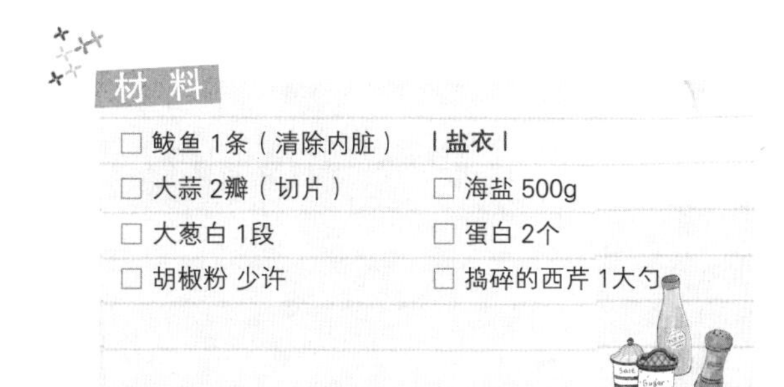

材 料

- □ 鲅鱼 1条（清除内脏）
- □ 大蒜 2瓣（切片）
- □ 大葱白 1段
- □ 胡椒粉 少许

| 盐衣 |

- □ 海盐 500g
- □ 蛋白 2个
- □ 捣碎的西芹 1大勺

制作指南

1. 烤箱预热220℃，大葱白切成3~4cm长度段，并竖切开。

2. 在鲅鱼的腹部撒上胡椒粉，并把切成片的大蒜和一些切好的大葱塞入鱼腹中。

3. 把做盐衣的材料放入碗里搅拌。

4. 把鲅鱼放入烤箱盘中，用和好的盐料完全盖在鱼上面，放入烤箱中烤25~30分钟。

   tip 用其他鱼也可以。

   tip 放入能在烤箱里使用的盘子里烤完后直接分离更方便。

5. 取出烤箱盘，用刀把烤好的盐层敲碎后，把鱼盛入盘中，完成。

   tip 烤完的盐不要吃，扔掉即可。

2

4

5

注意事项

如果是切成块的鱼，切口处的鱼肉与盐接触后会变咸，所以要用整条鱼来做。用和好的盐料盖在鱼上时，要保证没有空处，全部盖严。

在烤箱盘内铺上牛皮纸烤的话，可以防止鱼粘住，非常方便。

甜甜的照烧鲅鱼

分量：2人份

烹饪时间：20分钟

难易度：初级

“常被称为照烧的酱料理。有点甜，但又不会太甜，酱鲅鱼味道好，制作也简单，做一顿尝尝吧！”

材料

	|ㅤ
☐ 鲅鱼 1条	**丨酱调料丨**
☐ 食用油 少许（烤鱼用）	☐ 酱油 3大勺
	☐ 清酒 1大勺
	☐ 酸梅汁 1大勺（可省）
	☐ 蜂蜜 1小勺
	☐ 芝麻 少量

制作指南

1. 将酱调料放入锅中煮一会之后关火。

2. 在烧热的锅中抹上食用油，中火将鲅鱼的背面烤2分钟，再翻过来烤1分钟。

3. 如果锅里油气太多的话，用洗碗巾擦干净，把酱料抹在鲅鱼上面，正反面各熬1分钟之后，盛入盘中，撒上芝麻，完成。

1

2

3

注意事项

照烧是指烤鱼贝类食物时提前抹上一层酱油调味汁入味的一种料理方法。同样的调味料还可以放入糖，而且也可以用其他鱼做配菜。

最佳拌饭搭档黄花鱼辣椒酱

- 分量：1/2杯的份量
- 烹饪时间：40分钟
- 难易度：中级

"小时候，从父亲那得到的节日礼物就是黄花鱼辣椒酱。想起那段回忆，做了炒黄花鱼辣椒酱拌米饭吃，都没必要准备其他的菜了。炒黄花鱼辣椒酱非常适合用来做拌饭。"

材 料

- ☐ 黄花鱼 2条
- ☐ 食用油 少许（烤鱼用）
- ☐ 清酒 2大勺
- ☐ 辣椒酱 6大勺
- ☐ 捣碎的大蒜 1大勺
- ☐ 蜂蜜 1大勺
- ☐ 花生 3大勺
- ☐ 芝麻 1大勺
- ☐ 香油 2大勺

制作指南

1. 将花生炒熟之后碾碎，在锅内抹上食用油，把黄花鱼烤至金黄，用手剥下肉。

2. 在烧热的锅内抹上油，把黄花鱼肉炒掉水分之后，倒入清酒再炒2分钟。

3. 在黄花鱼肉里放入辣椒酱炒1分钟后，再放入蜂蜜，捣碎的大蒜，炒至稍微黏稠状。

4. 放入碾碎的花生和芝麻再炒一会之后，关火，倒上香油，完成。

tip 可以用其他喜欢吃的坚果类代替花生，或者不放也可以。也可以用捣碎的牛肉代替黄花鱼肉。

1

2

3

又辣又诱人的黄花鱼鲜辣汤

分量：2人份

烹饪时间：40分钟

难易度：中级

"干燥过的黄花鱼腥味明显减少，而且鱼肉鲜美，可以用来做美味的辣汤。如果之前黄花鱼只烤着吃了，偶尔用它来做个辣汤也是不错的选择。"

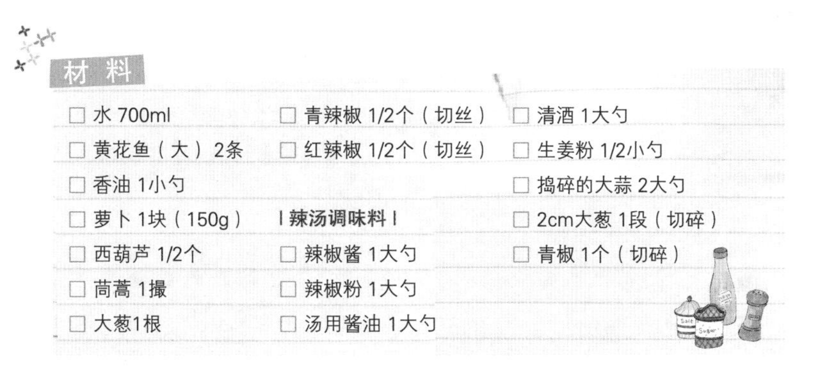

材 料

□ 水 700ml	□ 青辣椒 1/2个（切丝）	□ 清酒 1大勺
□ 黄花鱼（大） 2条	□ 红辣椒 1/2个（切丝）	□ 生姜粉 1/2小勺
□ 香油 1小勺		□ 捣碎的大蒜 2大勺
□ 萝卜 1块（150g）	**丨辣汤调味料丨**	□ 2cm大葱 1段（切碎）
□ 西葫芦 1/2个	□ 辣椒酱 1大勺	□ 青椒 1个（切碎）
□ 茼蒿 1撮	□ 辣椒粉 1大勺	
□ 大葱1根	□ 汤用酱油 1大勺	

制作指南

1. 萝卜切成银杏叶状，西葫芦切成半月状。

2. 黄花鱼去掉鱼尾、鱼鳍和鱼鳞后，祛除内脏，清洗干净。

   tip 鱼鳍和鱼尾用剪刀剪掉，把刀刃立起来刮掉鱼鳞即可。

3. 把辣汤的调料放入碗里搅拌。

4. 在锅里抹上香油，放入萝卜炒2分钟之后，倒入水，放入辣汤的调料煮。

5. 汤煮好后，放入黄花鱼和西葫芦，煮至黄花鱼八成熟时，放入切好的大葱和辣椒再煮一遍之后，放入茼蒿，关火，完成。

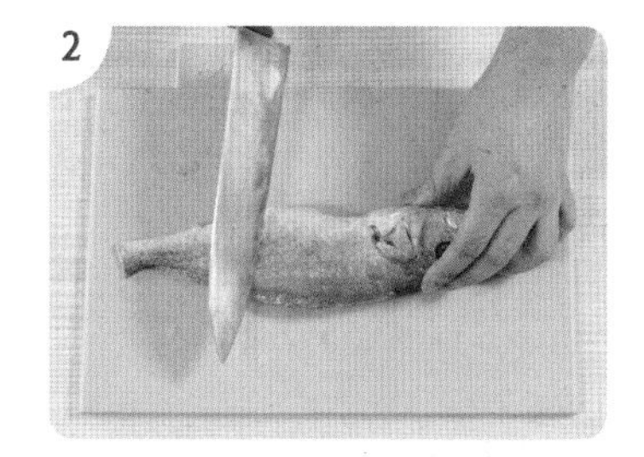

注意事项

同样的料理方法可以用来做其他各种鱼的辣汤。还可以用芹菜代替茼蒿，再放上平菇的话，味道会更鲜美。

连皮都很美味的烤黄花鱼

- 分量：2人份
- 烹饪时间：20分钟
- 难易度：初级

“烤得焦黄的看着就让人垂涎三尺的烤黄花鱼，烤一条可能都不够吃。黄花鱼腥味小又好吃，在外层裹上糯米粉烤成金黄，连皮都香脆可口。”

材料

- □ 黄花鱼 2条
- □ 糯米粉 3大勺
- □ 鸡蛋 2个（打开）
- □ 食用油 少许（烤鱼用）

制作指南

1. 把黄花鱼去掉鱼尾和鱼鳍，并用刀刮掉鱼鳞。

   tip 要想连皮一起吃的话，最好将鱼鳞和鱼鳍处理干净，并祛除内脏。

2. 把鱼正反面粘上糯米粉并放入打散的鸡蛋里裹一层鸡蛋。

3. 在烧热的锅里抹上食用油，放入黄花鱼烤至金黄。

   tip 为了防止鸡蛋烤糊，最好用小火盖上锅盖烤。

注意事项

干黄花鱼是将黄花鱼洗净，放入盐腌好之后，晾至硬邦邦的为止。

咯吱咯吱有嚼劲的飞鱼籽鸡蛋羹

分量：2人份

烹饪时间：40分钟

难易度：中级

"在鸡蛋羹里放上飞鱼籽的话，吃起来咯吱咯吱的很有感觉。用三文鱼籽装饰一下，看起来就很好吃的一道料理就完成了。"

材料

- ☐ 鸡蛋 2个
- ☐ 水 1杯（250ml）
- ☐ 凤尾鱼汤 250ml加浓汁酱油 1/4小勺
- ☐ 清酒 1/2小勺
- ☐ 盐 1捏
- ☐ 酱油 1/2小勺
- ☐ 飞鱼籽 2大勺
- ☐ 装饰用三文鱼籽少量（可省）

制作指南

1. 把鸡蛋打入碗里，然后放入凤尾鱼汤、清酒、盐、酱油等，搅拌均匀后，用筛子过滤一遍。

   tip 把鸡蛋水用筛子过滤一遍的话，可以筛掉卵带，使做出来的鸡蛋羹更鲜嫩可口。

2. 把鸡蛋和飞鱼籽倒入蒸鸡蛋羹的容器里，然后把容器放入热气腾腾的蒸锅里小火蒸10分钟后，打开锅盖再蒸2~5分钟，完成。

   tip 也可以把飞鱼籽和鸡蛋分开，最后放在蒸好的鸡蛋羹上。

1

2

注意事项

用小火蒸出来的鸡蛋羹样子更美观。蒸时间太长的话，颜色会变，口感也会变硬，因此要注意把握时间。

Part 3

盒饭和一品料理

青花鱼包饭 / 秋刀鱼饭团 / 咸黄鱼干手卷寿司 / 咸黄鱼干拌饭 / 美味鱿鱼盖饭 / 冻明太鱼三明治 / 烤冻明太鱼盖饭 / 烤鱼串卷饼 / 三文鱼加州寿司卷 / 三文鱼寿司 / 金枪鱼泡菜饭团 / 鳀鱼浇头 / 生金枪鱼拌饭 / 金枪鱼汉堡 / 干炸鱼 / 鱼肉卷饼 / 微辣大虾烤串 / 意大利海鲜烩饭 / 鸡蛋葱豆炒饭

唇齿留香的青花鱼包饭

- 分量：2人份
- 烹饪时间：20分钟
- 难易度：初级

“这道料理非常简单，不用挑鱼刺算是一种福利吧。这道青花鱼包饭是非常值得一看、值得一吃的。即使用来招待客人也不错，但更适合用作野炊时准备的盒饭，非常简单便捷。”

材料

- □ 米饭 2碗
- □ 食盐 1小撮
- □ 香油 1小勺
- □ 芝麻 1/2小勺
- □ 莴荬菜 10~15张
- □ 腌青花鱼（或者是原生态青花鱼）1/2条
- □ 清酒 1大勺
- □ 食用油 少许（烧烤用）
- □ 包饭酱 2~3大勺

| 装饰 |

- □ 青辣椒 1/2个（拍扁）
- □ 红辣椒 1/2个（捣碎）
- □ 大蒜 3~4瓣（切成片）

制作指南

1. 在盆子里放入米饭、香油、食盐、芝麻，然后将其充分混合，最后将它们揉至能入口的大小。

2. 竖着将莴荬菜分割成两半，将饭团卷成圆形，或在盘子上放上莴荬菜，然后再放置上第一步所揉制的饭团。

3. 用手摘除青花鱼的所有刺，然后将鱼肉切成适合入口的大小，洒上清酒，腌制5分钟左右，之后在用中火烧热的锅上均匀地擦上食用油，再进行烧烤。

4. 在第2步的米饭中放入切成片的大蒜，然后再放入青花鱼和包饭酱以及捣碎的辣椒，就完成制作了。

可以按照自己的喜好来包饭团吃，可不在米饭里放入青花鱼、切成片的大蒜以及包饭酱和捣碎的辣椒等。

注意事项

如果不用青花鱼，可以使用三文鱼、鳕鱼、金枪鱼等鱼类，或将多种鱼混合起来使用，就能够尽情地享受各种各样的包饭料理了。

青花鱼制作的时间比较长，如果凉了，就会散发出浓郁的腥味，所以制作以后尽快吃掉，这样才能保证味道鲜美。

孩子们也喜爱的秋刀鱼饭团

分量：2人份

烹饪时间：50分钟

难易度：中级

“这道料理不会散发出腥味，是孩子们非常喜爱的一道菜，在秋刀鱼饭团上放上乳酪、蘸上面包粉，再将其煎得酥脆，那么即便不喜欢吃鱼的孩子也会对其打满分。”

材料

- ☐ 秋刀鱼 1条
- ☐ 食用油 少许（炒菜用的）
- ☐ 食用油 少许（煎炸用的）
- ☐ 番茄酱 少许

| 秋刀鱼调料 |

- ☐ 洋葱 1/4个（捣碎）
- ☐ 蒜泥 1大勺
- ☐ 清酒 1小勺
- ☐ 食盐 1小撮
- ☐ 胡椒面 少许
- ☐ 酱油 少许

| 拌饭调料 |

- ☐ 米饭 2碗
- ☐ 帕玛森奶酪粉 3大勺
- ☐ 胡椒面 少许
- ☐ 捣碎的荷兰芹 1大勺
- ☐ 2cm的胡萝卜 1段（捣碎）
- ☐ 淀粉 2大勺

- ☐ 鸡蛋1个
- ☐ 豪达奶酪 2片

| 勾芡 |

- ☐ 面包粉 1/2杯（125ml）
- ☐ 鸡蛋 2个

制作指南

1. 将去掉了内脏的秋刀鱼进行烧烤或蒸煮，然后手工剔出鱼肉。
2. 在烧热的锅上均匀地擦上食用油，将捣碎的洋葱炒至透明，之后放入蒜泥，再炒1分钟。
3. 放入秋刀鱼肉，再炒两分钟，然后放入清酒，清酒熬干后再洒上食盐和胡椒粉，然后放一点酱油，熄火。
4. 在盆子里放入拌饭调味品，然后再充分混合。
5. 制作出能入口大小的圆圆的饭团模样，使饭团的中间凹陷，将豪达奶酪切成小块，将它和第3步的秋刀鱼的1/2大勺放在里边，制作成圆圆的饭团。

将米饭捏成饭团的时候，如果手上蘸了水，那么饭粒就不会黏在一起，要干净利落地将饭粒团在一起，并使劲糅合，只有这样饭粒中途才不会散开。

6. 将第5步制作的饭团浸泡在鸡蛋液里，然后在面包粉中将它弄成圆形。
7. 在烧热的锅上放入充分的食用油，然后将饭团放入锅内煎炸，趁捞出的饭团还热的时候洒上番茄酱，这样就完成了制作。

3

5

7

手工卷制咸黄鱼干手卷寿司

分量：2人份

烹饪时间：30分钟

难易度：中级

“日语中的手卷寿司就是用手来卷的意思，如果在手卷寿司上再添上自己喜欢的材料，那么就可以做成各种简便的紫菜包饭。放入咸黄鱼干，就是一道味道清淡、紫菜酥脆、口感甚佳的料理。”

材料

□ 紫菜 2张	□ 芝麻 1小勺	□ 芝麻 1/4小勺
□ 黄瓜 1/4根（切成薄片）	□ 香葱 少许（装饰用）	□ 香油 1/2小勺
□ 食盐 1/4小勺（黄瓜用）		
□ 鸡蛋 1个	**| 拌饭调料 |**	
□ 咸黄鱼干 1条	□ 米饭 1碗	
□ 食盐 1小撮（咸黄鱼干用）	□ 食盐 1/2小勺（调料用）	

制作指南

1. 在黄瓜上撒一小撮食盐，腌制5分钟左右，之后在水中漂洗一下，挤出水分。

2. 在烧热的锅上均匀地擦上食用油，放入鸡蛋，将其煎得薄一些，然后切成丝。

3. 在盆子里放入米饭，放入第2步中制作好的鸡蛋和第1步中制作好的黄瓜、1/2小勺食盐，还有香油，然后充分地混合起来。

4. 在烧热的锅上均匀地擦上食用油，然后放上咸黄鱼干，熟了之后只剔出鱼肉，盛在盆里，再放入一小撮食盐，以此来提味。

5. 将紫菜切割成四等份之后放上拌饭，然后卷出帽子的形状，然后再放置上咸黄鱼干和芝麻以及葱末，完成制作。

tip 不用咸黄鱼干，准备其他的材料，按照各自的喜好将它卷起来吃也是不错的选择。

1

3

5

没有刺的咸黄鱼干拌饭

- 分量：2人份
- 烹饪时间：20分钟
- 难易度：中级

"咸黄鱼干拌饭味道清淡爽口，免去了剔除鱼刺的麻烦，是更好地享受美味的咸黄鱼干的一种方法。"

材料

□ 米饭 2碗	□ 鸡蛋 2个	□ 香油 1大勺
□ 咸黄鱼干 1只	□ 食用油 少许（烧烤用）	□ 芝麻1小勺
□ 4cm的胡萝卜 1段（切成丝）		
□ 小南瓜 1/4个（切成丝）	**I 辣椒酱调料 I**	
□ 洋葱 1/2个（切成丝）	□ 蜂蜜 1/4小勺	
□ 黄瓜 1/2个（切成丝）	□ 辣椒酱 3大勺	

制作指南

1. 准备且收拾好适量的材料。

2. 在烧热的锅上均匀地擦上食用油，然后烧烤咸黄鱼干，再手工剔出鱼肉。

3. 将鸡蛋的蛋清和蛋黄分别做成蛋皮，然后再切成细丝。

   tip 根据自己的喜好，不做成黄白蛋皮，直接放上荷包蛋也可以。

4. 在锅里均匀地擦上食用油，然后爆炒切成丝的胡萝卜、南瓜、洋葱。

5. 混合辣椒酱调味品，制作出调味料。

6. 在米饭上非常精致地摆上炒好的蔬菜和黄瓜，再放上咸黄鱼干和黄白蛋皮，然后再单独放上辣椒酱，完成制作。

2

6

注意事项

咸黄鱼干是将黄花鱼卷起来制作而成的，含有丰富的维生素A，对于皮肤也比较好，还可预防夜盲症。咸黄鱼干含有丰富的蛋白质，不过由于纤维素的含量相对来说不足，所以需要搭配蔬菜来补充不足的维生素，从营养的层面来讲就做到了均衡饮食。

无法抗拒的美味鱿鱼盖饭

- 分量：2人份
- 烹饪时间：30分钟
- 难易度：初级

"鱿鱼盖饭是一道刚开始学习烹饪的新手很容易掌握的简单料理，所以只要成功制作出来，味道就可以得到保证。微辣的调料再加上炒过的筋道的鱿鱼，那简直是让人无法抗拒的美味。"

材料

- □ 米饭 2碗
- □ 鱿鱼 2只
- □ 5cm的大葱 2根
- □ 卷心菜 50g（一撮）
- □ 洋葱 1/2个（切成丝）
- □ 阳春辣椒 2个（切成斜角）
- □ 香油 少许
- □ 食用油 少许（炒菜用）

I 盖饭调料 I

- □ 辣椒酱 2大勺
- □ 辣椒面 2大勺
- □ 清酒 1大勺
- □ 酱油 1大勺
- □ 蒜泥 1大勺
- □ 蜂蜜 1小勺

I 点缀 I

- □ 红辣椒 1/2个（切成斜角）
- □ 大葱 少许（切成斜角）
- □ 芝麻 少许

制作指南

1. 在盆子里放入盖饭调味料，然后混合起来。

2. 将大葱和卷心菜切成5cm长的丝，然后将鱿鱼去除皮，切成丝。

tip 如果阳春辣椒很辣，那么可用青辣椒代替，鱿鱼也可以用已经收拾好的冷冻鱿鱼。

3. 在烧热的锅上均匀地擦上食用油，然后放入大葱、洋葱、卷心菜、阳春辣椒，爆炒后再放入鱿鱼，将鱿鱼炒至表面呈现灰色就可以了。

4. 当鱿鱼八成熟时，放入拌饭调料赶紧炒2~3分钟，熄火后洒上香油和芝麻，等其散发出香味之后将它放在米饭上，这样就制作完成了。

tip 如果鱿鱼炒的时间过长，肉质就会变硬，而且还没有味道，所以鱿鱼熟了后就要赶紧熄火。

tip 放入拌饭调料后蔬菜中就会流出水分，炒制导致水分立即流失，所以放入拌饭调料后要尽快爆炒。

注意事项

新鲜的鱿鱼表皮很容易脱落，用手就可以很容易地将鱿鱼皮去掉。如果感觉用手去皮比较困难，可以在表皮部分划出一个浅薄的口子，然后用洗碗巾抓住表皮将其剥掉，这样鱼也不会滑手，剥起来也更顺利。

冻明太鱼饼的华丽蜕变！
油炸的冻明太鱼三明治

- 分量：2人份
- 烹饪时间：30分钟
- 难易度：初级

“将煎炸的冻明太鱼蘸上面包粉，然后再进行烘焙，这样就会制作出一道美味的西式料理。只要有蔬菜，准备工作就算结束了。”

材料

- □ 煎炸的冻明太鱼 4~6片
- □ 食盐 1小撮
- □ 胡椒粉 少许
- □ 黑麦面包 2~4片
- □ 面粉 2大勺
- □ 鸡蛋 1个
- □ 面包粉 2大勺
- □ 食用油 少许（煎炸用）
- □ 奶油奶酪 2大勺
- □ 菊苣 2张
- □ 莴苣 2张
- □ 蛋黄酱 2大勺（或者蜂蜜芥末）

制作指南

1. 将冻明太鱼解冻，然后用洗碗巾去除水分之后撒上食盐和胡椒面，最后再滴上些许酱油。

2. 把冻明太鱼的前后面都蘸上面粉，然后抖落掉额外的面粉。打碎鸡蛋，将冻明太鱼泡在鸡蛋里，然后再使冻明太鱼蘸上面包粉。

   tip 如果不使冻明太鱼蘸上面包粉，而是直接在锅里烤焙，那么制作起来就更简单了。

3. 在烧热的锅里均匀地擦上食用油，然后将冻明太鱼放入锅中，最后烤焙一会。

4. 在黑麦面包上抹上奶油奶酪，放上菊苣和莴苣，之后再放上制作好的冻明太鱼。撒上食盐和胡椒粉，然后滴上些许酱油，最后再洒上蛋黄酱或者蜂蜜芥末，这样就制作完成了。

   tip 可用生菜代替菊苣，也可以在上面放置黄瓜。

   tip 不使用黑麦面包，用自己喜欢的食用面包也可以。

2

3

4

注意事项

想要做多少三明治，就煎制多少重量的冻明太鱼。一个三明治配备2~3片冻明太鱼是比较合适的。

比鳗鱼盖饭更美味的烤冻明太鱼盖饭

分量：2人份

烹饪时间：30分钟

难易度：中级

“烤冻明太鱼盖饭即使是作为盒饭也是一道毫不逊色的美味料理。如果在味道醇正的冻明太鱼上再添加上微咸的调料，那么你就不会再对鳗鱼盖饭垂涎三尺了。”

材料

□ 米饭 2碗	**I 调味酱油 I**	□ 葱白 1根
□ 冻明太鱼 6片	□ 水 1/2杯（125ml）	□ 大蒜 2瓣
□ 清酒1大勺	□ 酱油 1/2杯（125ml）	□ 胡椒子 5粒
□ 葱末 少许（装饰用）	□ 清酒 1/4杯（60ml）	
□ 芝麻 少许（装饰用）	□ 蜂蜜 3大勺	
□ 食用油 少许（煎炸用）	□ 洋葱 1/4个	

制作指南

1. 将冻明太鱼解冻后用洗碗巾去除水分，之后洒上清酒，最后再腌制十分钟左右的时间。

tip 可以在微波炉中解冻或者在室温下慢慢地解冻。

2. 在锅里放入酱油调味品，然后将其煮沸。开始沸腾时把火关小，煮十分钟左右，直至汤变得稠糊一些，之后再用筛子把酱油过滤出来。

3. 在烧热的锅里均匀地擦上食用油，然后放入冻明太鱼，将冻明太鱼的前后面都煎至1分钟之后再浇上调味酱油，直到味道浸入后再炖上2~3分钟左右。

4. 在米饭上放置上煎烤过的冻明太鱼，然后再洒上葱末和芝麻，这样就完成了。

1

2

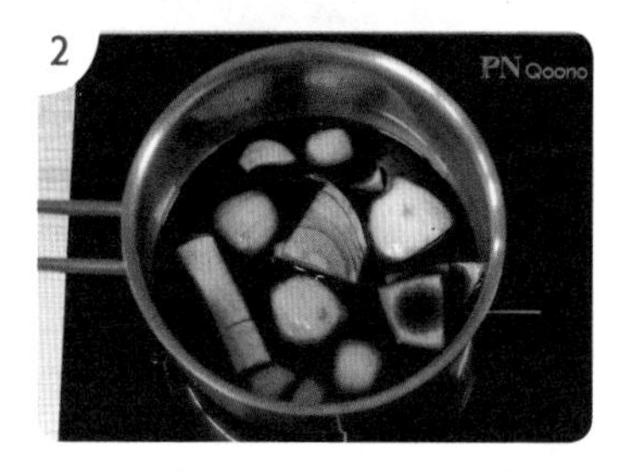

4

注意事项

不使用煎炸的冻明太鱼，也可以使用煎炸的其他鱼（鳕鱼等）。即使使用一样的调味酱油来炖青花鱼或鳗鱼、三文鱼、鸡肉，味道也不错。

土耳其烤鱼串卷饼

分量：2人份

烹饪时间：40分钟

难易度：中级

"用鱼和蔬菜制作的土耳其鱼肉卷饼卡路里含量较低，味道清淡，这是它的魅力所在。如果搭配上玉米粉薄烙饼或印度烤饼，那么即便简单的一餐也魅力无限。"

材料

- □ 三文鱼 200g
- □ 鳕鱼 200 g
- □ 青椒 1个
- □ 红椒 1个
- □ 食盐 1/4小勺
- □ 胡椒粉 少许
- □ 橄榄油 1小勺
- □ 玉米粉薄烙饼 4~5张
- □ 适量的食用油（爆炒用）

| 烤肉酱 |

- □ 洋葱 1/2个（捣碎）
- □ 蒜泥 1大勺
- □ 水 150ml
- □ 食醋 1大勺
- □ 红糖 1大勺
- □ 辣酱油 1大勺（可以省略）
- □ 第戎芥末 1大勺
- □ 番茄酱 2~3大勺
- □ 干百里香 1小撮

制作指南

1. 将三文鱼和鳕鱼切成能入口的大小，青红椒切得比三文鱼和鳕鱼小一点。

用鸡肉或牛肉代替鱼也可以。

2. 在盆子里放入三文鱼、鳕鱼、青红椒，然后洒上食盐和胡椒粉，混合之后均匀地洒上橄榄油，最后腌制20分钟左右。

2

3. 在锅里均匀地擦上食用油，放上捣碎的洋葱和大蒜爆炒，洋葱变透明时放入剩下的烤肉酱材料，煮沸至汤变得稠糊一些熄火。

烤肉酱所用的大蒜比起用事先捣碎的蒜泥，当场用刀来绞碎的大蒜味道更好。

3

4. 在烤串上交叉插上三文鱼、鳕鱼以及青红椒之后，在烧热的锅里均匀擦上食用油，煎烤至熟透，然后搭配上烤肉酱和玉米粉薄烙饼，这样就制作完成了。

不使用印度烤饼，搭配面包片也很好。

4

注意事项

据说土耳其卷饼起源于中世纪，当时波斯军人将烤肉插在刀上，然后放在火上烤着吃。羊肉、牛肉、鸡肉、猪肉乃至海产品等各种材料都可以用于制作土耳其卷饼。做这道菜只要准备土耳其卷饼即可，也可以搭配上小面包。

柔软的熏制三文鱼加州寿司卷

分量：2人份

烹饪时间：40分钟

难易度：中级

“这不是我们常见的那种紫菜包饭，而是有些与众不同的让人喜爱的加州寿司卷。味道寡淡的鳄梨和其他材料搭配起来，就会散发出绝妙的味道。请品尝像奶油般柔软的鳄梨和熏制三文鱼所制作出来的黄金组合——加州寿司卷吧。”

材料

寿司	加州寿司卷	装饰
□ 米饭1碗半	□ 食用油 少许	□ 洋葱 1/4个
□ 柠檬汁 1小勺	□ 紫菜 2张	□ 蛋黄酱 2大勺
□ 蜂蜜 1/4小勺	□ 紫菜包饭用腌萝卜 2根	□ 飞鱼籽 4大勺
□ 食盐 1/4小勺	□ 鳄梨 1/2个	□ 葱末 少许
	□ 蟹肉 六个	
	□ 切片熏制三文鱼 6~8张	

制作指南

1. 用手将蟹肉撕成细丝，将鳄梨切成腌萝卜般粗细的丝，把洋葱也切成细丝。

2. 在盆子里放入寿司调料，拌入米饭，在紫菜帘子上放一层保鲜膜，涂抹食用油少许，之后将米饭展开至紫菜般大小，最后放置1张紫菜。

3. 在紫菜上放置腌萝卜、鳄梨以及蟹肉之后，为了不使米饭散开，可展开保鲜膜，然后卷起来，最后再去除保鲜膜。

4. 再次将熏制三文鱼放置在保鲜膜上，之后再放上刚才制作的紫菜包饭，再次卷起来，然后切成适当的大小，再放置上切得细细的洋葱，放上蛋黄酱和葱末，这样就制作完成了。

如果没有飞鱼籽，也可不用。

2

3

4

熏制三文鱼寿司

分量：2人份

烹饪时间：50分钟

难易度：中级

“熏制三文鱼飞鱼籽寿司制作简单，是一道可以尽情享用的料理。它味道鲜美，模样好看，作为接待客人的食物也毫不逊色。可以根据自己的喜好来选择制作材料，可以制作出各种口味。”

材料

寿司调料	牛蒡调料	三文鱼寿司	装饰	
□ 米饭 2碗	□ 牛蒡 60克（5cm，5~6块）	□ 胡萝卜1/2个（60g）	□ 紫菜 1张	□ 些许黑芝麻
□ 柠檬汁 1大勺半	□ 酱油 2大勺	□ 黄瓜 1/2个（60g）	□ 鸡蛋 4个	□ 飞鱼籽 少许
□ 食盐 1小勺	□ 清酒 1大勺	□ 食盐 1/2小勺	□ 红辣椒 1/2个	
□ 蜂蜜 1/4小勺	□ 蜂蜜 1/4小勺	□ 切片熏制三文鱼 5张	□ 葱末 少许	

制作指南

1. 将熏制三文鱼、黄瓜、牛蒡、红辣椒切成细丝，把紫菜烘烤一下，然后切成5cm长的细丝。

2. 将鸡蛋煎成薄饼状，再切制成丝。把胡萝卜放在放了食盐的沸腾的水中，煮沸1分钟左右，然后再放在凉水中漂洗。

tip 蛋饼要等到完全冷却之后再切成丝，这样才不会破碎，而且还能切成细细的鸡蛋丝。

3. 在切成丝的黄瓜上撒上食盐，腌制十分钟后沥去水分。

4. 将切成丝的牛蒡和牛蒡调料品一起放入锅里，炖至出现色泽。

tip 如果放入制作紫菜包饭用的牛蒡罐头，或者切成细丝的腌萝卜，那么制作起来会更加简单。

5. 在盆子里放入寿司调料进行调味，然后放入第2步制作的胡萝卜和第3步的黄瓜以及第4步的牛蒡，进行充分地混合。

6. 将紫菜烘烤后碾碎放在米饭上，然后将切成丝的熏制三文鱼和荷包蛋均匀地撒在上边，再放上一小撮飞鱼籽这样制作就完成了。

tip 不用红辣椒、葱末、黑芝麻也无妨。

4

5

6

注意事项

三文鱼寿司是寿司的一种，是一种放置了鱼和荷包蛋以及进行过调味的蔬菜等菜码儿的寿司。我们可以根据自己的喜好来加减材料，从而制作出丰富多样的寿司来食用。

郊游必备佳品——金枪鱼泡菜饭团

分量：2人份

烹饪时间：30分钟

难易度：中级

“如果把放了金枪鱼的炒饭制成饭团，那它完全可以当作去郊游时食用的盒饭。制作时还可以插上签子，便于用手拿着吃。”

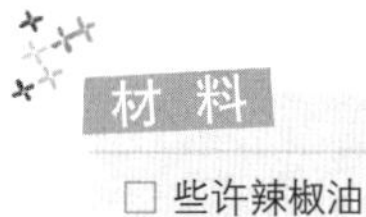

材料

- □ 些许辣椒油
- □ 捣碎的泡菜2撮（1/2杯）
- □ 金枪鱼100g
- □ 米饭2碗
- □ 香油1/2小勺
- □ 芝麻4小勺
- □ 鸡蛋1个

制作指南

1. 在烧热的锅里均匀地擦上辣椒油，然后将捣碎的泡菜炒2~3分钟，去油之后放入捣得细碎的金枪鱼，然后再炒1分钟。

   tip 辣椒油是为了用来增加微辣的味道，所以用普通的食用油来代替也可以。

2. 放入米饭，炒2分钟左右，之后熄火，再放入香油和芝麻。

   tip 如果米粒偏硬，那就不容易成团，所以要将米饭炒得稍微软一些。

3. 将鸡蛋的蛋清和蛋黄分离开来，煎成黄白蛋皮，然后切成长长的丝。

4. 将炒饭团成圆圆的模样，之后将黄白蛋皮丝折成十字，用它把饭团卷起来。

2

4

注意事项

如果在炒饭上扎上蛋皮，然后插上牙签或签子，那么蛋皮就不会散开，还方便用手来拿着吃。

让米饭变得更美味的鳀鱼浇头

分量：2人份

烹饪时间：20分钟

难易度：初级

"只要有美味可口的浇头，没有胃口的时候即便没有其他小菜也可以吃得津津有味。如果在制作饭团的时候放上它，就会散发出更香的味道，所以浇头用处十分广泛。

材料

| 材料 |

- ☐ 食用油 2大勺（炒菜用）
- ☐ 大蒜 1瓣（切成片）
- ☐ 鳀鱼（小鱼干）1杯（50g）
- ☐ 紫菜 2张
- ☐ 芝麻 1大勺

制作指南

1. 将紫菜稍微烤一下，然后用手压碎。把鳀鱼在筛子里过滤一下，筛出其中的杂物。

2. 在烧热的锅里均匀地擦上食用油，然后放入蒜片，用小火炒2分钟左右，直至散发出蒜香味，之后再拿出蒜片。

3. 将鳀鱼放入第2步的锅里，炒5~7分钟左右，直至其水分挥发殆尽。

4. 放入紫菜，炒两分钟左右，然后放入芝麻，使其均匀混合，之后熄火。

如果在放芝麻的时候放入1/2小勺的糖，那这道料理就会增加一种微甜的味道。

注意事项

浇头开始于日本大正时期，当时人们为了补充钙而把鱼骨头洒在饭上来食用。为了吃起来有滋有味，把调味料、紫菜以及芝麻等放在一起食用，开始主要作为药用食物，后逐渐成为商品。这个名称是来源于日语的“洒着吃”，意为洒在米饭或粥等食物上来食用。制作时，将鱼肉晒干，研磨成面，然后混入紫菜、食盐以及芝麻等。

1

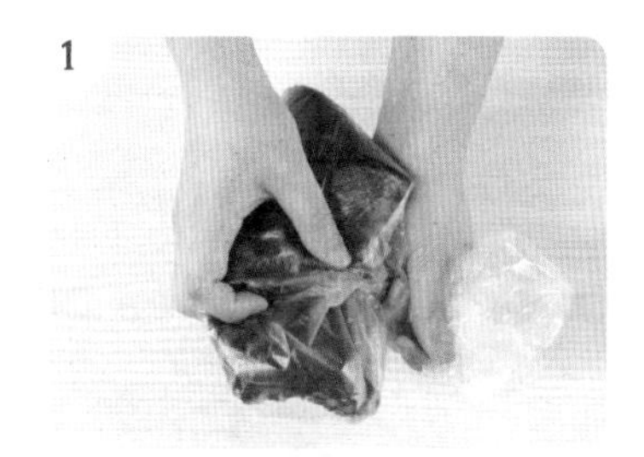

2

4

日本料理店的美味——生金枪鱼拌饭

分量：2人份

烹饪时间：20分钟

难易度：初级

“大家在超市冷冻海鲜柜台可以买到制作盖饭用的金枪鱼，使用冷冻金枪鱼在家里亲自制作简单的生金枪鱼拌饭吧！”

材料

□ 米饭 2碗
□ 制作盖饭用的冷冻金枪鱼 100g
□ 4cm的胡萝卜 1段
□ 卷心菜叶 1张
□ 黄瓜 1/4个
□ 山芝麻叶 4张
□ 飞鱼籽 2大勺
□ 香油 2小勺

| 调料酱 |

□ 辣椒酱 2大勺
□ 柠檬汁 1大勺
□ 蜂蜜 1/4小勺
□ 酸梅汁 1小勺（可以省略）
□ 芝麻 1/2小勺

制作指南

1. 将调料酱材料混合拌匀，制作调料酱。

2. 将冷冻的金枪鱼浸泡在温热的水中大约3分钟左右，之后用洗碗巾去除水分。

   tip 制作盖饭用的金枪鱼包装纸上标注着解冻方法，可以参考后再解冻。

3. 将胡萝卜、卷心菜叶、黄瓜、山芝麻叶切成细丝。

4. 在大碗里盛上米饭，将解冻的金枪鱼和择好的蔬菜整齐地放在上边，再放入飞鱼籽，之后洒上香油，再将制作好的调料酱放进去，最后搅拌均匀即可食用。

1

2

别致的鱼汉堡——金枪鱼汉堡

分量：2人份

烹饪时间：30分钟

难易度：中级

“金枪鱼的腥味不重，味道清淡，如果将金枪鱼制作成汉堡，就可以尝到不同于普通鱼汉堡的别样风味。这是用添加了辣根的蜂蜜芥末酱所制作出来的有点微甜的别样风情的汉堡。”

材料

- □ 冷冻金枪鱼 220g
- □ 蒜泥 1大勺
- □ 香葱 2根（葱末）
- □ 些许胡椒粉
- □ 酱油 1大勺
- □ 江米干粉 4大勺
- □ 鸡蛋 1个
- □ 面包粉 1~3大勺
- □ 黑芝麻 1大勺
- □ 食用油 少许
- □ 英式松饼 2个
- □ 莴苣 2张（或者你想要的三明治蔬菜）
- □ 切得很薄的黄瓜 8片
- □ 切得很薄的洋葱 2片

| 调味汁 |

- □ 蜂蜜芥末 4大勺
- □ 辣根 1/2小勺

制作指南

1. 将冷冻的金枪鱼浸泡在温热的水中大约5~10分钟左右，之后用洗碗巾去除水分，再将金枪鱼切成大块，放入食品加工机内，将其研磨成小块状，最后盛在盆子里。

2. 在金枪鱼里放入蒜泥、葱末、胡椒粉、酱油、江米干粉，然后均匀地混合起来。

   tip 捣碎的大蒜会散发出一种很呛的味道，所以我们可以直接将整头蒜放进去使用。

3. 在大碗里将打湿的面包粉和黑芝麻均匀地混合起来，捏制成圆形，蘸上面包粉。

   tip 如果由于面和得太稀导致很难制作出小馅饼，那么就一点点地放入面包粉，以此来调整面粉的柔软度。

4. 在烧热的锅里均匀地擦上食用油，然后将金枪鱼馅饼蘸上面包粉，之后将馅饼的每一面均煎制2分钟。

5. 将英式松饼从中间部分分割为两等份，然后在上边放上金枪鱼馅饼、莴苣、黄瓜、洋葱。

6. 制作出调味汁以后淋在蔬菜上，然后再用剩余的面包盖上，这样金枪鱼汉堡就制作完成了。

3

4

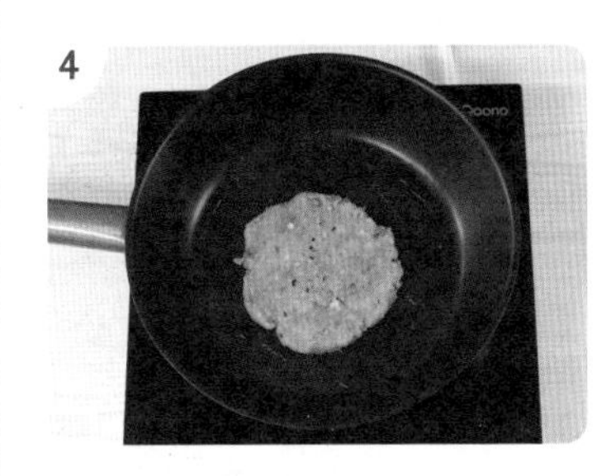

5

注意事项

不一定非要制作成汉堡，可以捏成小块，制作成鱼饼食用，味道也很好。

如果不喜欢辣根，那就不用，只涂抹蜂蜜芥末也可以。

不用英式松饼，使用汉堡包面包或者食用的面包都无妨，也可以和其他的面包一起吃。

香脆的日式油炸食品——干炸鱼

分量：2人份

烹饪时间：30分钟

难易度：中级

“我们以前主要将鸡肉制作成干炸食品来吃。如果炸制白色的鱼肉，那就可以获得更加清爽柔软的口感，品尝一下制作简单的日式干炸鱼搭配酱油调味汁的味道吧！”

- □ 鱼肉 500g
- □ 食盐 1/2小勺
- □ 胡椒粉 少许
- □ 清酒 1大勺
- □ 生姜粉 1小勺
- □ 蒜泥 1小勺
- □ 鸡蛋 1个
- □ 绿豆淀粉 4大勺
- □ 适量的干炸用食用油

| 调味汁 |

- □ 酱油 4大勺
- □ 清酒 2大勺
- □ 水 2大勺
- □ 蜂蜜 1大勺
- □ 柠檬汁 1小勺（可以省略）
- □ 香油 1小勺
- □ 花生 1大勺（捣碎）
- □ 香葱 1根（葱末）

1. 将鱼切割成能入口大小的块，盛在盆子里，再用食盐和胡椒粉来提味，之后放入清酒、生姜粉、大蒜，将其均匀混合，再放入鸡蛋和绿豆淀粉，进行搅拌，最后放置10分钟左右。

使用鳕鱼或者冻明太鱼、三文鱼或罗非鱼都可以。

2. 在锅里盛上5~6cm的油，将油的温度加热至180℃的时候放入鱼，将鱼炸得酥脆一些。将炸过的鱼用筛子过滤，沥去油。

将勾芡好的鱼一点点放在油里的时候，如果鱼沉到油的中间后直接飘上来，那就是说到了适合炸鱼的温度180℃。

3. 用一定份量的材料制作出调味汁后均匀地淋在干炸的鱼上面，或按照自己的喜好蘸着吃。

注意事项

干炸食品是指在材料上洒上些许酱油或使材料直接粘上淀粉、面粉之后再进行油炸的食物。在材料的选择上多种多样，这种方法可以用于制作海产品、家禽类、蔬菜等食物。

1

2

3

今天像纽约客一样，吃鱼肉卷饼吧

分量：2人份

烹饪时间：40分钟

难易度：中级

"鱼肉卷饼是指市面上卖的玉米粉薄烙饼搭配上爽口的番茄沙拉所制作出来的一道料理，工序简单，也不用担心卡路里的含量，是可以随意尽情享用的食物。"

材料

- □ 玉米粉薄烙饼（20cm） 4张
- □ 鱼肉 300g（切成长条）
- □ 食盐 1/4小勺（做鱼用）
- □ 胡椒粉 少许
- □ 食用油 少许（爆炒用）

| 蔬菜 |

- □ 洋葱 1/4个（切成丝）
- □ 莴苣 1张（切成丝）
- □ 酸奶油 少许（或者原味酸奶和蛋黄酱）

| 番茄沙拉 |

- □ 小西红柿 1个
- □ 洋葱 1/4个（捣碎）
- □ 阳春辣椒 1个（捣碎）
- □ 柠檬汁 1大勺
- □ 捣碎的荷兰芹 2大勺
- □ 食盐 1/4小勺

制作指南

1. 将小西红柿切成1cm大小的块，然后盛在盆子里，再将它和剩余的番茄沙拉材料进行混合搅拌之后盛在碗里。

2. 将切好的鱼去除水分，再用食盐和胡椒粉来提味儿，之后在烧热的锅里均匀地擦上食用油进行烤制，然后放上蔬菜、第1步的番茄沙拉、酸奶油，最后用玉米粉薄烙饼包裹起来吃。

tip 也可使用冻明太鱼和鳕鱼等鱼类，制作也不复杂。

1

2

注意事项

卷饼是一种将各种材料放在制作的又薄又圆的玉米粉薄烙饼上来吃的一种食物。沙拉和韩语中经常使用的表示调味汁意思的西班牙语的沙拉调味汁都是同样的意思。做该料理可使用各种食材搭配着卷饼食用，都是不错的美味。

烧烤氛围浓厚的微辣大虾烤串

- 分量：6人份
- 烹饪时间：20分钟
- 难易度：初级

“这道菜是把虾和蔬菜一起插在烤串上，涂上微辣的调味汁，然后烧烤加工。它可以用手拿着吃，味道也很好。既可以作为零食，也可以用作招待客人时的下酒菜料理，还具有野外烧烤时的氛围。”

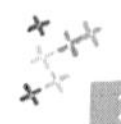

材 料

- □ 大虾 24只（去除虾头和虾皮以及内脏）
- □ 小南瓜、胡萝卜、茄片各 2张（也可以只用一种蔬菜）
- □ 食用油 少许

| 调料 |

- □ 橄榄油 4大勺
- □ 细碎的辣椒面 1小勺
- □ 干罗勒 1/2小勺
- □ 食盐 1/4小勺
- □ 胡椒粉 少许

制作指南

1. 将切得又长又细的蔬菜条和收拾好的大虾交替插在签子上。

1

2. 在盆子里放入橄榄油，细碎的辣椒面、干罗勒、食盐、胡椒粉，然后充分混合，制成调料。

tip 使用辛辣且细碎的辣椒面也可以。

tip 没有干罗勒的话可以使用药草盐，或使用自己喜爱的其他干香草，如果没有这些东西，不用也无妨。

3. 在大虾烤串上均匀地涂抹调料，然后再腌制十分钟左右。

4. 在用中火烧热的烤架或平底锅上用刷子涂抹上食用油后，烧烤蔬菜和大虾，直至烤串渐渐发黄，然后盛在碗里。

4

tip 洒上捣碎的红辣椒或青辣椒、捣碎的荷兰芹，看起来更有食欲。

注意事项

秋天的大虾味道最好，虾还含有丰富的蛋白质和无机质，烧烤或油炸甚至连皮一块吃味道都非常鲜美。可以把大虾制作成烤串来吃，不过如果很难买到这种大虾，那么使用块头大的虎纹虾或出售的已经收拾好的冷冻虾也可以。用块头比较大的虾看起来也不错。

意大利餐厅的美味——意大利海鲜烩饭

分量：2人份

烹饪时间：80分钟

难易度：中级

“我们可以在家里制作意大利代表性的米饭类料理——海鲜烩饭。该料理放入各种海鲜，嚼起来味道也不错，看起来也漂亮。在家里吃饭我们也要有情调，尝一尝味道不错的烩饭，去感受一下意大利的氛围吧！”

材 料

□ 小鱿鱼 1只	□ 鸡肉汤 2杯（500ml）	□ 番茄沙拉 2大勺（或者番茄酱）
□ 虾 6只	□ 食用油 少许	□ 大米 1/2杯（150g）
□ 水 1/4杯（60ml）	□ 洋葱 12个（捣碎）	□ 捣碎的荷兰芹 1大勺
□ 黄油 1小勺	□ 蒜泥 1大勺	□ 食盐 1小撮
□ 红蛤 100g	□ 干白葡萄酒 1/4杯（60ml）	□ 胡椒粉 少许
□ 水 1/4杯（60ml）		

制作指南

1. 将鱿鱼去皮，切成长2cm、宽5cm大小的块。

   tip 在鱿鱼、大虾、红蛤中只选择其中之一也可以。只不过要根据想要做的料理的量来增加材料的量。

2. 将虾头和虾皮去除，在大虾的背部扎上牙签剔除内脏。在烧热的锅里融化掉黄油，然后爆炒虾头和虾皮，倒入1/4的水，煮10分钟至沸腾，之后用筛子过滤，将过滤出的干货扔掉，在汤中放入一杯鸡汤，然后将其混合。

3. 在沸腾的水中放入些许食盐，再放入虾，焯制2~3分钟。

4. 将红蛤壳擦干净，去除须，之后在锅里放入1/4杯水煮沸，将其捞出。除了装饰用的2~3个红蛤之外，剩下的都只剥出肉。将红蛤汤用棉布过滤出来，然后和鸡汤混合，加热。

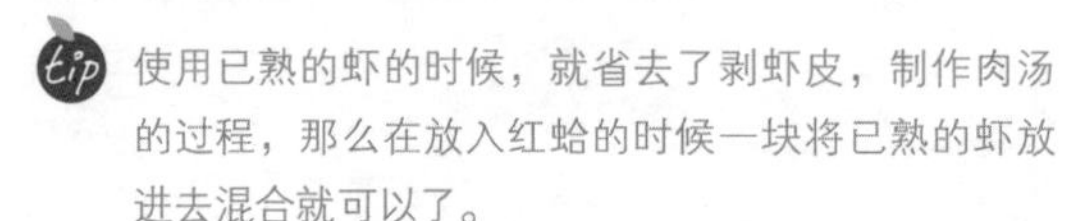

tip 使用已熟的虾的时候，就省去了剥虾皮，制作肉汤的过程，那么在放入红蛤的时候一块将已熟的虾放进去混合就可以了。

5. 在烧热的锅里均匀地擦上食用油，放入洋葱和大蒜，炒至洋葱渐渐变得透明。

tip 使用事先捣碎的大蒜也没关系，不过制作时，现场捣碎整头大蒜的1~2瓣，这样蒜就不会黏在锅里也不会烧焦，炒出来的味道也很醇正。

6. 在第5步中放入鱿鱼，炒2分钟左右，然后放入干白葡萄酒，最后炒至葡萄酒都蒸发掉。

tip 干白葡萄酒没有甜味儿的，如果没有干白葡萄酒，那么使用等量的清酒也可。

7. 在第6步放入两大勺水和番茄沙拉，炒至5分钟左右，再用食盐和胡椒粉来提味。

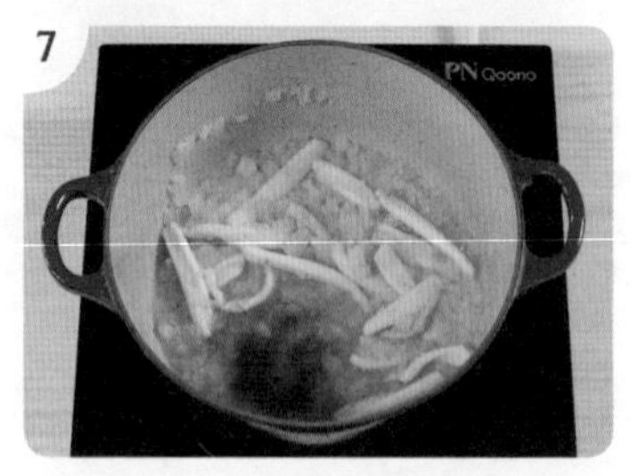

8. 在第7步放入大米，然后搅拌均匀地混合起来，舀一勺热乎乎的肉汤加入锅中，炒至大米吸收了所有的水分为止。重复同样的过程20分钟左右，如果大米熟到你所期望的程度，再放入虾和红蛤肉，使其充分混合。

9. 将制作完成的烩饭盛在盘子里，然后放上装饰用的有壳的红蛤和捣碎的荷兰芹，招待客人。

注意事项

被称作烩饭或意式焗饭的这道料理是意大利的代表性米饭类料理。将黄油融化之后炒米饭，滴入些许肉汤，经过这一过程，整个料理就会散发出一种奶油般的味道。可以使用肉或鱼制作的肉汤，也可以放入蔬菜、海带等来烩制。

在制作烩饭的时候不要将米饭弄得太烂，要做的像有小丸子一样的“有嚼劲”。称作意大利米或卡纳罗利米的大米品种适合制作这种饭。如果很难买到这种大米，那就用能够轻易地买到的白色的荞麦米也可以。

大部分的烩饭基本上都加入了黄油和洋葱，现在我们制作时还经常添加帕玛森奶酪。放入各种各样的肉或蔬菜等材料，烩饭就变得种类丰富，还可以适合不同人的口味。

异国风味的鸡蛋葱豆炒饭

分量：2人份

烹饪时间：30分钟

难易度：初级

"放了鱼的印度风味的鸡蛋葱豆炒饭搭配着煮熟的鸡蛋，既让人感觉新奇，味道又特别。鸡蛋葱豆炒饭味道清淡，不刺激又好吃，还充满异国风情。"

材料

- □ 鳕鱼 200g
- □ 米饭 1碗
- □ 鸡蛋2个（煮熟）
- □ 食用油 少许（炒饭用）
- □ 洋葱 1/2个（捣碎）
- □ 咖喱粉 1大勺
- □ 肉豆蔻粉 1小撮（可以省略）
- □ 辣椒粉 1小撮 （或者细辣椒粉）
- □ 食盐 1小撮
- □ 胡椒粉 少许
- □ 捣碎的装饰用的荷兰芹（或者些许细葱末）
- □ 装饰用的柠檬角

制作指南

1. 在沸腾的水中放入鳕鱼，煮熟后用叉子绞碎鳕鱼肉。

   tip 使用市面上出售的冷冻鳕鱼或冻明太鱼或鲶鱼都可。

2. 煮熟鸡蛋，将其切成适合入口的大小的楔子状，将另一个鸡蛋切成4~6瓣。

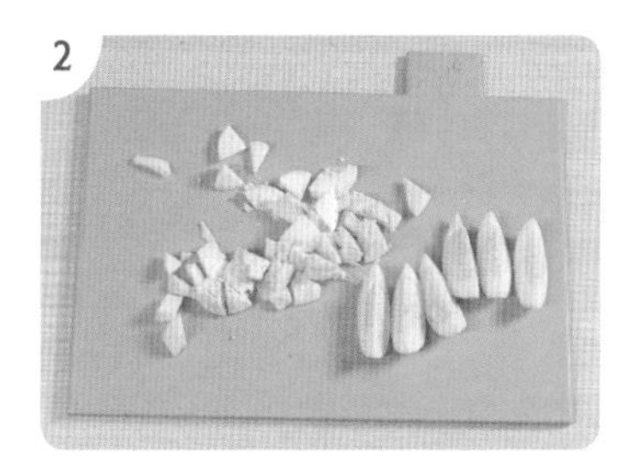

3. 在烧热的锅里均匀地擦上食用油，炒至洋葱透亮，然后放入鳕鱼，炒至亮黄。

4. 放入米饭，使其均匀地混合在一起，之后放入咖喱粉和肉豆蔻粉以及辣椒粉，用食盐和胡椒粉来提味。

5. 炒2~3分钟左右，熄火后放入楔子状的鸡蛋，均匀地混合起来，盛入碗里，用瓣状的鸡蛋和柠檬角来装饰点缀，最后放置上捣碎的荷兰芹，用来招待客人。

注意事项

鸡蛋葱豆饭（kedgeree）也叫作“kitcherie”，“kitchari”，“kitchiri”等，它是将鱼肉碾碎，在煮熟的米饭上放置荷兰芹和煮熟的鸡蛋、咖喱粉、黄油或奶酪等，然后爆炒制作出来的料理。据推测，英国统治印度的时候印度的料理“khichri”被引入英国，从而成为一种炒饭。简而言之，这是一种英国的印度风味炒饭。

Part 4

早午餐和甜点

秋刀鱼面包小点 / 三文鱼饭团 / 奶油烙鳕鱼蛋糕 / 熏三文鱼奶油果酱面包片 / 熏三文鱼华夫饼 / 熏三文鱼格雷派饼 / 熏三文鱼黄瓜卷 / 金枪鱼煎蛋卷 / 金枪鱼小盅蛋 / 金枪鱼酿西红柿 / 柠檬蛋黄酱和虾仁烤面包 / 虾仁乳蛋饼 / 意式烤红蛤 / 花椰菜虾仁汤

脱胎换骨的秋刀鱼面包小点

分量：10块

烹饪时间：30分钟

难易度：中级

“秋刀鱼并不是只能用来做菜肴，还能做成美味的秋刀鱼面包小点。面包小点类似于‘小块的土司’，是一种意式开胃品。面包小点做法简单，通常是在烤架上或铝饼铛上先烤好面包，然后将浇头均匀地放在面包上。相信秋刀鱼肉做成的浇头会给我们带来全新的味觉享受。”

材料

□ 法式面包切片 10片	丨浇头丨		
□ 食用油 适量（用于烤制食物）	□ 秋刀鱼 半条	□ 鸡蛋 1个	□ 帕玛森奶酪粉 2汤匙
□ 橄榄油 适量	□ 虾 100g	□ 大蒜 2瓣（需捣碎）	□ 食盐 少许
	□ 面包粉 1~3汤匙	□ 荷兰芹 2汤匙	□ 胡椒粉 少许

制作指南

1. 将烤箱预热到180℃，将虾切成2cm大小。

2. 在温热的铝饼铛内倒入食用油，将切好的虾炸至八成熟后盛出。

3. 将去除内脏的秋刀鱼进行烤制或者蒸熟，然后在挑选出的鱼肉中加入鸡蛋、蒜泥、荷兰芹、帕玛森奶酪、食盐和胡椒粉，搅拌均匀。

tip 既可以用三文鱼、鱿鱼、大虾代替秋刀鱼，也可以用罐装金枪鱼代替秋刀鱼。

4. 在搅拌均匀的各种材料内加入面包粉和炸好的虾丁，调成一定的浓度。

tip 这里的浓度一般以较稠的面糊浓度或者做浇头时不至于打湿面包的浓度为宜。

5. 在预热的铝饼铛内均匀地放好法式面包切片，然后将1~2勺第4步中做好的浇头均匀地铺在面包切片上。

6. 在面包切片中撒入少许橄榄油，然后加热15~20分钟，直至浇头变得焦黄。这时秋刀鱼面包小点就做好了。

tip 可以用柠檬做点缀。

3

4

6

注意事项

可以利用切成瓣状的各种水果食材做点缀。

可以在各种法式面包中撒上各种浇头。如果喜欢清爽的味道，可以在面包小点上滴适量的柠檬汁。

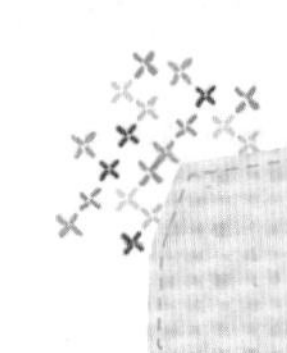

紧实的三文鱼饭团

分量：2人份

烹饪时间：30分钟

难易度：初级

“这是一款以制作简单、美味可口为特征的日式饭团。将烤熟的三文鱼肉与米饭混在一起后捏成紧实的三文鱼饭团，可以轻松地解决到底吃什么的难题。”

材料

□ 三文鱼 100g	|饭团|	□ 紫菜包饭用紫菜 一张
□ 清酒 1小勺	□ 米饭 一碗半	
□ 食用油 少许（用于烤制食物）	□ 食盐 适量	
□ 食盐 少许	□ 胡椒粉 少许	
□ 胡椒粉 少许	□ 香油半 小勺	

制作指南

1. 在三文鱼中放入清酒及各种作料，放置10分钟。在米饭中撒入食盐、胡椒粉和香油调味。可以根据个人口味的不同酌量增减食盐和胡椒粉的量。

tip 最好在米饭中撒入香松（一种撒在米饭上的干燥的粉末状的作料）。

2. 在预热的铝饼铛内放入食用油，将三文鱼烤熟后盛出。将烤熟的三文鱼撕成细条状，放入食盐和胡椒粉调味。

3. 先在案板上铺上保鲜膜，然后将1/4碗米饭倒在保鲜膜上，注意将米饭调整成稍圆的形状，将撕成条状的三文鱼放在米饭上，再在三文鱼上盖上1/4碗米饭。

4. 利用保鲜膜将米饭压实，然后将米饭压制成三角形。

tip 可以提前在保鲜膜上抹上一层香油，这样米饭就不易粘在保鲜膜上。用手捏饭团时，可以稍微在手上蘸上一点水，这样可以避免米粒粘在手上，看起来也干净卫生。

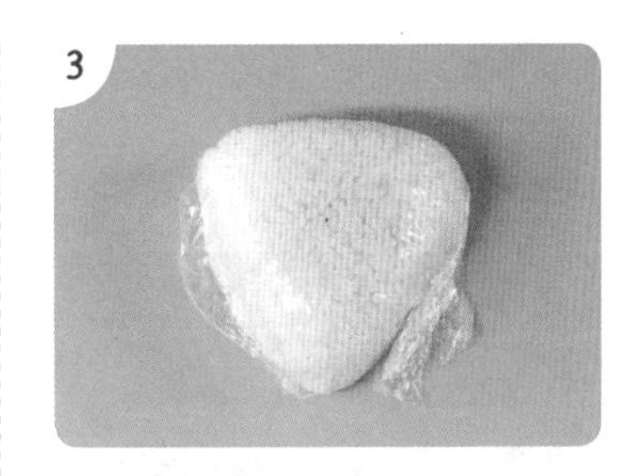

3

4

注意事项

饭团是日式料理的一种。在日本战国时代，日本武士们通常将简单烘炒过的粮食或晒干的粮食作为非常时期的口粮。第二次世界大战后，这种食物已经流行开来。日式饭团中通常加入多种食材，从而弥补了米饭单调乏味的缺点。饭团中通常加入鸡肉、牛肉、金枪鱼肉、三文鱼肉等。除肉类之外，还可以在饭团中加入梅干、红豆等。虽然不同食材做出的饭团适用的场合不一，但总体来看，饭团凭借其形状较小、携带方便的优点，已经成为外出野餐的不二之选。

毫不逊色的早午餐，奶油烙鳕鱼蛋糕

分量：2人份

烹饪时间：40分钟

难易度：中级

"在以土豆为原料的烙饼里加入鳕鱼，食物就摇身一变成了奶油烙鳕鱼蛋糕。这种食物类似于韩国的土豆饼，但吃起来更加绵柔。鳕鱼的加入，也大大提高了食物的营养价值。"

材料

- □ 冷冻鳕鱼 200g
- □ 蒜 2瓣
- □ 月桂树叶 2片
- □ 5cm长的大葱 1段
- □ 胡椒 3粒
- □ 土豆（大）2个（200g）
- □ 食盐 1小勺
- □ 牛奶 3大勺
- □ 切好的香葱 少许（装饰用）

| 面糊 |

- □ 鲜欧芹 少许（可省略）
- □ 香葱 1根
- □ 食盐 1/4小勺
- □ 胡椒粉 少许
- □ 红灯笼辣椒粉 1/4小勺（可省略）
- □ 面粉 4大勺

| 炒蛋 |

- □ 鸡蛋 2个
- □ 牛奶 2大勺（或生奶油）
- □ 食用油 少许（煎炸用）
- □ 蔬菜沙拉 1把

制作指南

1. 把鳕鱼、香葱、大蒜、胡椒、月桂树叶放入锅中煮10~15分钟后，将鳕鱼捞出。

2. 将土豆切成小块，放入另一个锅中，加足量水，放1大勺盐，煮15~20分钟。

3. 把第2步中煮好的土豆和第1步中的鳕鱼、牛奶、面粉一起倒入搅拌机中搅拌。

tip 如果没有搅拌机，可以用叉子把土豆和鳕鱼捣碎。

4. 将切好的香葱和欧芹倒入第3步中，撒上盐、胡椒粉调味。

5. 在预热好的锅中倒入食用油，把面糊捏成适当大小的圆饼，放入锅中炸至金黄。

tip 如果面糊像粥一样太稀，再放入一些面粉调节好黏稠度后，放入锅中煎炸即可。如果没使用搅拌机，而是用手捣碎之后做成的面糊，则不用加面粉，直接放入锅中煎炸即可。

6. 在预热好的锅中倒入食用油，将鸡蛋和牛奶倒入碗中混合均匀后，倒入锅中煸炒成小块，制作炒蛋。在奶油烙鳕鱼上面洒上香葱后，搭配炒蛋、沙拉装盘即可。

3

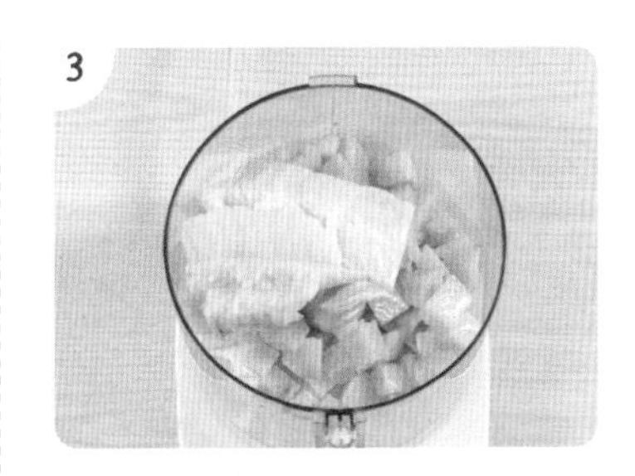

5

6

注意事项

奶油烙鳕鱼（brandade）是把橄榄油等倒入鳕鱼中搅碎拌匀，搭配面包和土豆一起食用的法国朗格多克冬季料理。

柔嫩的风味

熏三文鱼奶油果酱面包片

分量：2人份

烹饪时间：20分钟

难易度：初级

"只要有熏三文鱼就能轻而易举烹饪出美味佳肴。这道料理可将干脆爽口的黄瓜、甜爽的柠檬和熏三文鱼完美结合。把它作为周末早晨的早午餐或孩子们的零食都毫不逊色。"

材料

- ☐ 洋葱 1/4个（切碎）
- ☐ 黄瓜 1/4个
- ☐ 切片长棍面包 4块
- ☐ 奶油奶酪 2大勺
- ☐ 熏三文鱼片 4~8张
- ☐ 切碎的续随子花蕾 1大勺（可省略）
- ☐ 胡椒粉 少许
- ☐ 柠檬汁 少许
- ☐ 切好的欧芹 少许

制作指南

1. 黄瓜用削皮刀去皮，用勺子挖去中间的籽，切成8mm的薄片，洋葱也切成8mm的薄片，和黄瓜放在一起混合均匀。

2. 在面包片上面抹上奶油奶酪，再放上第1步中切好的洋葱和黄瓜。

   tip 也可选用土司或其他种类的面包切成适当大小后使用。奶油奶酪可根据个人喜好酌量添加。

3. 把熏三文鱼摆在第2步上面，放上胡椒粉和柠檬汁。

   tip 将三文鱼肉切碎后使用亦可。没有柠檬也可以直接使用市面上卖的柠檬汁。

4. 最后放上切好的续随子花蕾和欧芹点缀即可。

1

2

4

注意事项

说起三明治小零食，就会想到奶油果酱面包片，它是法式三明治，抹上黄油或果酱后食用即可。也可以根据个人喜好放上肉类或水果、蔬菜等材料后食用。

高品位华夫饼——熏三文鱼华夫饼

分量：2~3人份

烹饪时间：40分钟

难易度：中级

“餐后甜点华夫饼的变身！咸津津、味道美的熏三文鱼华夫饼，香香脆脆，可作零食吃，也可作早午餐。”

材 料

- □ 黄油 4大勺（融化）
- □ 温牛奶 1/3杯（80ml）
- □ 高筋粉 4大勺
- □ 食盐 适量
- □ 蛋清 1份
- □ 熏三文鱼 85g
- □ 香葱 2根（切碎）
- □ 三文鱼籽（可省略）

| 装饰 |

- □ 切碎的香葱 少许（青色部分）
- □ 酸奶油 适量（或纯酸奶）

制作指南

1. 向碗中加入4大勺黄油，再倒入牛奶、高筋粉、食盐搅拌均匀。

也可用低筋粉代替高筋粉，面糊中出现小疙瘩也无所谓。用等量的芥花油或葡萄籽油代替融化的黄油亦可。

2. 把熏三文鱼切成细丝或用手撕碎后，和香葱一起放入面糊中拌匀。

3. 把蛋清和蛋黄分离，将蛋清放入另一个碗中，搅拌成泡沫状，倒入面糊轻轻搅拌，注意不要让泡沫陷下去。

4. 将华夫饼机预热好，用刷子刷上一层食用油，把面糊摊成适当大小，炸至金黄。向华夫饼上面倒上酸奶油，洒上2大勺切好的香葱和三文鱼籽（可省略）即可。

如果没有华夫饼机，可以使用平底锅，像煎煎饼那样煎炸即可。

注意事项

打出泡沫的蛋清可增加食物的香脆感，因此再麻烦也要打出泡沫。

高筋粉是用来做饼干或蛋糕的面粉。因高筋粉中所含可使食物变筋道的谷胶较少，做出的食物更加香脆。

自制咖啡伴侣——熏三文鱼格雷派饼

分量：2个

烹饪时间：40分钟

难易度：中级

“选择格雷派饼作简单的一顿饭或周末的早午餐都毫不逊色。试着把格雷派饼和熏三文鱼搭配在一起烹饪吧！这道料理做法简单，即使在家也可轻松营造出咖啡馆的氛围。”

材料

- □ 培根 2张
- □ 鸡蛋 2个
- □ 小西红柿 6个
- □ 格吕耶尔奶酪粉 1/2杯
- □ 熏三文鱼片 4~8张
- □ 食用油 少许（煎炸用）
- □ 切好的欧芹 少许
- □ 胡椒粉 少许

| 面糊材料 |

- □ 面粉 1/4杯（40g）
- □ 荞麦粉 1/4杯（40g）
- □ 鸡蛋 1个
- □ 牛奶 3/4杯（180ml）
- □ 橄榄油 1大勺
- □ 食盐 适量

制作指南

1. 把培根切成1cm宽的丝，小西红柿切成两半，格吕耶尔奶酪用擦菜板擦成粉状备用（1把=1/2杯）。

   tip 可用爱蒙塔尔奶酪或切达干酪片代替格吕耶尔奶酪。

2. 将面糊材料倒入大碗中，搅拌至无干粉状态。
3. 将培根放入热好的锅中炸至金黄后，用洗碗巾擦去油水。
4. 向预热好的锅中倒入食用油，倒入一半面糊摊开，待微熟时放入1个鸡蛋。
5. 放上小西红柿和奶酪，加盐、胡椒粉调味。待蛋黄微熟时把边缘折起来。
6. 每张格雷派饼上面放2~4片熏三文鱼，再放上烤好的培根和切好的欧芹即可。

tip 格雷派饼摊得越薄越美味。

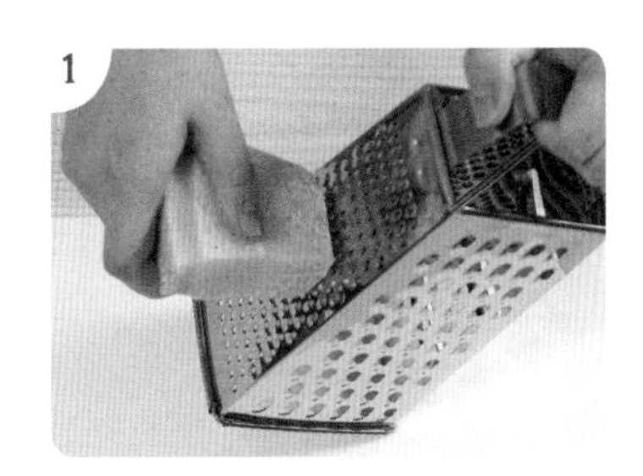

1

5

6

注意事项

市面上销售的荞麦粉大都掺杂了面粉，不是100%纯正的荞麦粉。如果选用市面上卖的荞麦粉，仅放1/2杯即可，或仅使用1/2杯面粉来制作熏三文鱼薄饼也可以。向面粉中加入甜甜的馅做出的饼就叫薄饼（crepes）。

格雷派饼（galette）是扁圆形蛋糕的总称，属于法国料理。用荞麦粉做的大薄饼里放上咸津津的馅食用，例如奶酪或火腿、鸡蛋、肉、鱼类、香肠等，也可以放入苹果或各种浆果食用。

鲜脆香辣的熏三文鱼黄瓜卷

- 分量：2~3人份
- 烹饪时间：20分钟
- 难易度：初级

“辣酥酥的萝卜缨、鲜脆的洋葱，再搭配上熏三文鱼，味道相得益彰。熏三文鱼黄瓜卷大小适当，一口就能吃下，做法简单且味道鲜美，当作零食或下酒菜都可以。”

材 料

- ☐ 熏三文鱼片 2张
- ☐ 黄瓜 1个
- ☐ 萝卜缨 少许
- ☐ 洋葱 1/4个（切成细丝）
- ☐ 蛋黄酱 3~4大勺
- ☐ 胡椒粉 少许
- ☐ 柠檬汁 2大勺
- ☐ 飞鱼籽 4~5大勺

制作指南

1. 黄瓜用粗盐揉搓洗净后，用削皮刀去皮，切成薄薄的长片。把黄瓜薄片放在熏三文鱼上面，尾部放上1/4小勺蛋黄酱。

tip 放上黄豆大小的蛋黄酱即可。

tip 用酸奶油代替蛋黄酱，做出来也很美味。

2. 把萝卜缨和洋葱放在蛋黄酱上面，卷成卷后摆入盘中。洒上胡椒粉和柠檬汁，放上飞鱼籽就完成了。

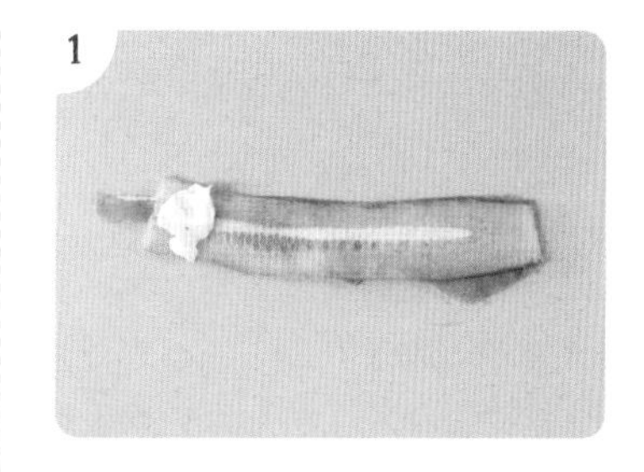

1

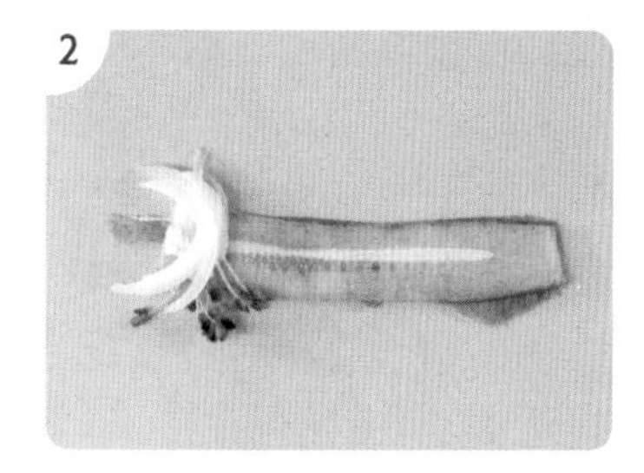

2

类似鸡蛋卷的煎蛋卷——金枪鱼煎蛋卷

分量：2人份

烹饪时间：20分钟

难易度：中级

"意大利的肉菜馅煎蛋饼可以作早午餐，搭配面包一起食用。因其味道类似咸咸的鸡蛋饼，也可以作下饭菜食用。"

- □ 鸡蛋 6个
- □ 香葱 4根（切碎）
- □ 切碎的鲜欧芹 2大勺
- □ 金枪鱼罐头 100g
- □ 食用油 少许（煸炒用）
- □ 食盐 适量
- □ 胡椒粉 少许
- □ 洋葱 1/4个（切碎）

1. 将鸡蛋打入碗中，放入切好的香葱和欧芹搅拌均匀。

 如果买不到新鲜欧芹，可以用半小勺干欧芹代替，或直接省略。

2. 把金枪鱼倒在筛子上过滤油水，用叉子把鱼肉捣碎，加盐、胡椒粉调味。

3. 向预热好的锅中倒入食用油，放入洋葱炒至透明，再把第2步中的金枪鱼倒入搅拌均匀。

4. 把第1步中的鸡蛋和第2步中的金枪鱼倒入锅中摊成圆饼，两面煎至金黄即可。

 如果感觉把鸡蛋卷翻过来的时候容易撕破，可以先把鸡蛋饼盛入盘中，再倒扣到锅中，这样就可以轻而易举地翻过来了。

2

3

4

 注意事项

肉菜馅煎蛋卷类似于鸡蛋饼或乳蛋饼，是用鸡蛋做原材料，摊在平底锅中煎制而成的意大利料理。放入切碎的肉或蔬菜，奶酪或意大利面，再放入足量的香草制作而成。

快乐的寻宝游戏，金枪鱼小盅蛋

分量：2人份

烹饪时间：20分钟

难易度：初级

“法式蒸蛋小盅蛋是一道充满趣味的美食，找寻藏在鸡蛋内的材料，用面包蘸着吃。”

材料

- □ 切片长棍面包 2~4片
- □ 食用油 少许（涂抹容器壁用）
- □ 金枪鱼罐头 2大勺
- □ 鸡蛋 2个
- □ 食盐 适量
- □ 胡椒粉 适量
- □ 纯酸奶 2大勺
- □ 切碎的香葱 1小勺
- □ 辣椒粉 适量

制作指南

1. 烤箱预热至190℃，面包片放入锅中微炸。金枪鱼倒入筛子中控油水。

2. 选用可以入烤箱烘烤的小陶瓷容器，用刷子在容器内壁涂上食用油，把金枪鱼捣碎后放入容器中。

3. 放入鸡蛋，撒上盐和胡椒粉调味，把纯酸奶倒在鸡蛋上面。

4. 烤盘内倒入热水，把第3步中的陶瓷容器放入烤盘中，馏热后放入预热至190℃的烤箱内烘烤5~10分钟，烤至半熟即可。洒上辣椒粉和切好的香葱，搭配面包一起装盘即可。

如果没有烤箱，可以放入热气腾腾的蒸锅中蒸5~20分钟，蒸至半熟即可。

注意事项

炖锅（cocotte）指的是法语中的个人用小型耐热瓷器。小盅蛋做好后，可用面包蘸着半熟的鸡蛋吃。

金黄爽口的金枪鱼酿西红柿

- 分量：2~4人份
- 烹饪时间：50分钟
- 难易度：中级

"这道料理使有利于身体的西红柿变得更加美味。可爱的西红柿杯中填满酸奶和金枪鱼，再搭配烤面包，相得益彰。"

材料

- □ 西红柿 4个
- □ 食盐 适量
- □ 胡椒粉 少许
- □ 金枪鱼 250g（去油留肉）
- □ 洋葱 1/4个（切碎）
- □ 黄瓜 1/4个（去籽切碎）
- □ 大蒜 1瓣（切碎）
- □ 纯酸奶 3大勺
- □ 切好的欧芹 1大勺
- □ 香葱 1根（切碎）
- □ 装饰用香葱 少许

制作指南

1. 西红柿用刀切去蒂，挖出瓤。把挖出的瓤倒入筛子中控水备用。

2. 用干净的洗碗巾擦去西红柿杯内部的水分，撒上盐，倒扣在洗碗巾上，放置30分钟控水。

3. 把金枪鱼捣碎后，放入洋葱、黄瓜、蒜、酸奶、欧芹、香葱、柠檬汁搅拌均匀，将控过水的西红柿果肉捣碎后倒进去，加盐、胡椒粉调味（或把所有材料倒入搅拌机中搅碎）。

提前切好的蒜会散发出辛辣刺激的味道，最好用的时候再切。

4. 把做好的金枪鱼馅填入西红柿中，再洒上切好的香葱点缀即可。

爽口的柠檬蛋黄酱和虾仁烤面包

分量：2人份
烹饪时间：20分钟
难易度：初级

“烤面包是一道用手拿着一口就能吃掉的料理，用作下酒菜或零食都可以。搭配加柠檬汁的蛋黄酱一起食用更加爽口美味。”

材料

□ 大虾 10只	□ 食用油 少许（煸炒用）	□ 胡椒粉 适量
□ 切片长棍面包 10片		□ 第戎芥末酱 1小勺
□ 黄瓜 1/2个	**丨柠檬蛋黄酱丨**	□ 柠檬汁（1个柠檬的量）
□ 小水萝卜 2个	□ 蛋黄 1个	□ 柠檬皮（1个柠檬的量）
□ 切碎的欧芹 少许	□ 食盐 1/2小勺	□ 葡萄籽油 1杯（250ml）

制作指南

1. 把盐、第戎芥末酱、柠檬汁倒入蛋黄液中，用打蛋器搅拌均匀，放入少许葡萄籽油拌匀。

一开始如果放太多食用油，制作出的蛋黄酱不会呈现黏稠状。开始的时候先放半杯葡萄籽油，缓缓倒入，边倒边搅拌就会出现气泡，慢慢变成黏稠状。

2. 用打蛋器一直搅拌至蛋黄酱成形，加盐、胡椒粉调味，放入柠檬皮屑。

如果感觉蛋黄酱做起来太复杂，可以直接使用市面上卖的蛋黄酱。

3. 将冷冻虾解冻，去头去皮去内脏，用刀在后背上切个口。向预热好的锅中倒入食用油，倒入虾煸炒5分钟，炒熟后加盐、胡椒粉调味。

4. 把长棍面包片放入锅中炸至金黄。将黄瓜、水萝卜切成3mm的薄片，每片面包上面各放2片黄瓜和2片水萝卜，再放上柠檬蛋黄酱和炒好的虾，撒上欧芹就完成了。

1

2

4

注意事项

烤面包（bruschetta）是意大利的一种开胃小菜，在餐前食用，大小适中，一口就能吃下。面包上面抹上蒜蓉，用橄榄油炸过后，放上各种各样的浇头食用。

虾仁馅饼！虾仁乳蛋饼

- 分量：乳蛋饼1个
- 烹饪时间：1小时
- 难易度：高级

“咸咸脆脆的法式馅饼乳蛋饼，可以用多种材料做成各式各样的饼。用虾做出的乳蛋饼吃起来咯吱咯吱的，非常美味。下面介绍一下美味且不油腻的虾仁乳蛋饼的制作方法。”

材料

|油酥面皮|

- □ 高筋粉 1盒3/4杯（250g）
- □ 食盐 适量
- □ 冷冻黄油 150g（切成小块）
- □ 鸡蛋 1个

|馅|

- □ 食用油 少许（煸炒用）
- □ 洋葱 1/2个（切碎）
- □ 大虾 10~12只（切碎）
- □ 食盐 适量
- □ 胡椒粉 适量
- □ 清酒 1大勺
- □ 鸡蛋 2个
- □ 生奶油 1/2杯（125ml）
- □ 番茄酱 2大勺

|浇头|

- □ 奶酪粉 1/2杯
- □ 小虾 8只

制作指南

1. 将面粉和食盐倒在一起混合均匀后，把黄油放进去，用手将面粉和黄油捏至均匀融合，呈小碎面絮状。

2. 放入鸡蛋揉至无干粉状态，捏成面团后，用保鲜膜包裹，放入冰箱冷藏30分钟。

3. 烤箱预热至190℃，在案板上面撒上面粉，把面团擀成面皮后放入直径20cm的模具中，切掉多余的边。

tip 面皮擀好后，可以用曲奇饼切割机或碗压过后，再放入松饼模具中。

4. 用叉子在松饼模具底部插满小孔后放入预热好的烤箱中烘烤25分钟。

5. 中火热锅，倒入食用油，把洋葱倒入炒至透明。

6. 将大虾倒入锅中，加盐、胡椒粉调味，微炒，倒入清酒稍煮片刻，离火。把浇头用的小虾放入锅中炸至金黄。

7. 把做馅用的鸡蛋、生奶油、番茄酱、炒好的洋葱和虾倒在一起，加盐、胡椒粉调味。

8. 将烤好的油酥面皮填满馅，放上浇头用的虾，洒上切好的奶酪，放入预热好的烤箱内烤15~20分钟后，放在网架上冷却备用。

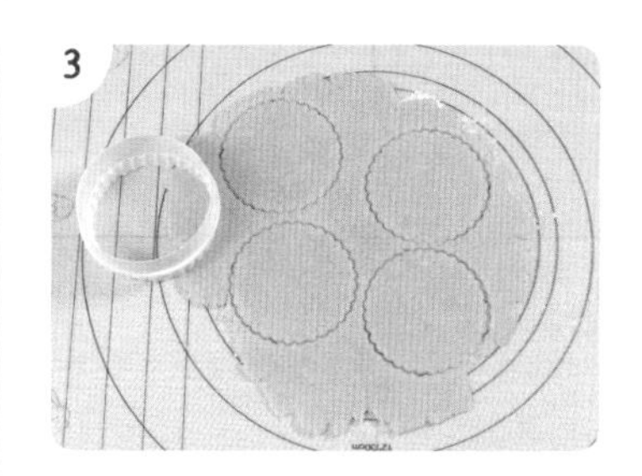

芳香四溢的意式烤红蛤

- 分量：2人份
- 烹饪时间：30分钟
- 难易度：初级

“用芳香的蒜和面包粉做出的意式烤红蛤令人垂涎。如果不是红蛤时令，可以用处理好的冷冻红蛤简单地做着吃。搭配放入烤箱内烤至金黄的面包粉，使红蛤吃起来更加美味。”

材料

- □ 冷冻红蛤 10个（保留一半壳上粘着肉的熟红蛤）
- □ 面包粉 1/2杯
- □ 切碎的欧芹 1大勺
- □ 蒜末 2大勺
- □ 食盐 适量
- □ 黄油 1大勺
- □ 1cm宽的四方形奶酪 10块

制作指南

1. 将冷冻红蛤解冻，把附在红蛤表面的脏东西洗掉。

tip 如果使用生红蛤，可先把壳洗干净，放入锅中，盖上盖子加热，待红蛤壳张开后，把一半壳掰下去。

2. 热好锅后倒入黄油，待黄油融化后，放入面包粉和蒜煸炒至金黄。

3. 关火，放入欧芹搅拌均匀，加入盐、胡椒粉调味。

4. 把红蛤摆在烘盘上，红蛤上面放入少许炒好的蒜和面包粉，再放上奶酪，使用烤箱的快捷功能烘烤5~10分钟，烤至奶酪融化。或将烤箱预热至250℃，放在烤箱上层烤10分钟。

tip 奶酪可以选择埃曼塔奶酪、古老也奶酪、帕玛森奶酪等，切碎后使用。如果很难买到，也可以用车达奶酪或马苏里拉奶酪代替。

注意事项

焗烤（gration）是将多种材料放入碗中，撒上奶酪和面包粉，放入烤箱烤制而成的料理。

富含维生素的花椰菜虾仁汤

- 分量：2人份
- 烹饪时间：30分钟
- 难易度：中级

"富含维生素C的花椰菜做成汤也非常美味。绵柔醇和的花椰菜汤中再放入些许虾仁，不仅更加美味，而且看起来也很有食欲。"

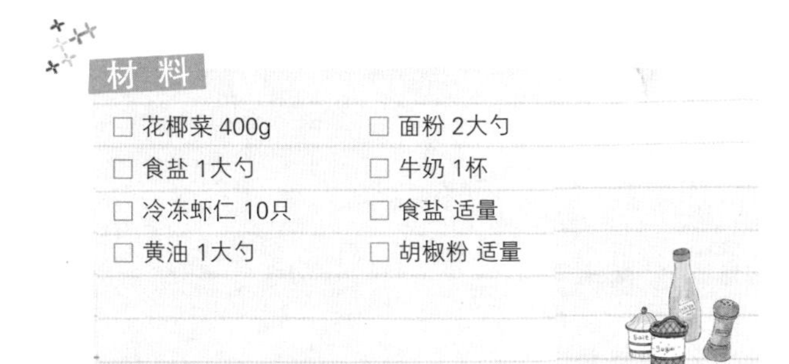

材 料

- □ 花椰菜 400g
- □ 食盐 1大勺
- □ 冷冻虾仁 10只
- □ 黄油 1大勺
- □ 面粉 2大勺
- □ 牛奶 1杯
- □ 食盐 适量
- □ 胡椒粉 适量

制作指南

1. 向锅中加入足量水，放入1大勺盐，花椰菜去除根茎，切成一个个的小花朵状，放入沸水中煮10分钟后捞出，浸入冷水中冷却。

    可以用西兰花代替花椰菜。

2. 锅内加水，水开后放入虾仁煮熟。

3. 热好锅后倒入黄油融化，放入面粉微炒，倒入牛奶，搅拌至没有小疙瘩的汤状为止，再加少许盐和胡椒粉调味。

4. 将煮好的花椰菜倒入第3步的汤底中搅拌均匀，盛入盘中，再放入煮好的虾仁即可。

Part 5

适合招待客人的美食料理（1）

煎带鱼饼 / 煎带鱼 / 杏仁烤鱼 / 炖带鱼 / 蒸鲽鱼 / 鱼肉沙拉 / 蒸明太鱼 / 明太鱼莲藕煎饼 / 黄花鱼山药煎饼 / 香煎明太鱼 / 凉拌生鱼片 / 香煎干贝 / 海鲜葱油饼 / 海螺龙须面拌菜

鱼肉馅的煎带鱼饼

分量：2~3人份

烹饪时间：60分钟

难易度：中级

“大多数的煎肉饼都是猪肉馅的。用牛肉和鱼肉做出的煎肉饼，少了猪肉的特殊味道，变得更加清淡了些。偶尔也尝试一下异于平日、口味特别的煎带鱼饼吧。”

材料

- □ 带鱼 2段（150g）
- □ 食用油 少许（煎炸用）
- □ 牛臀肉 250g（切碎）
- □ 洋葱 1/4个（切碎）
- □ 面粉 1/2杯（80g）
- □ 鸡蛋 2个
- □ 装饰用茼蒿 少许
- □ 装饰用红辣椒 少许（切斜丝）

| 牛肉调味汁 |

- □ 酱油 1/2大勺
- □ 蜂蜜 1/4大勺
- □ 姜粉 1/2小勺（可省略）
- □ 淀粉 1/2大勺
- □ 香油 1/2小勺
- □ 芝麻盐 1/2小勺
- □ 蒜末 1/2小勺
- □ 香葱 1节（切碎）
- □ 胡椒粉 适量
- □ 食盐 1/4小勺

制作指南

1. 热好锅后倒入食用油，把带鱼放入，煎熟后捞出。用手剔除刺，只留鱼肉，捣碎。

   tip 直接使用剔好刺的冷冻带鱼做起来比较方便。

2. 把牛臀肉和牛肉调味汁一起倒入大碗中搅拌均匀，再放入带鱼肉、淀粉、姜粉拌匀，加盐、胡椒粉调味。

   tip 用切碎的牛肉做起来更简便。

3. 把第2步中拌匀的材料揉成直径3cm左右的扁圆形，前后面都裹上面粉，抖掉多余的干粉后，浸入鸡蛋液中。

   tip 抖掉多余的干粉，煎的时候外面裹的一层鸡蛋才不会脱落。

4. 中火热锅，倒入食用油，放入第3步中做好的饼，上面撒上一层茼蒿和红辣椒点缀，前后面都煎至金黄即可。

1

3

4

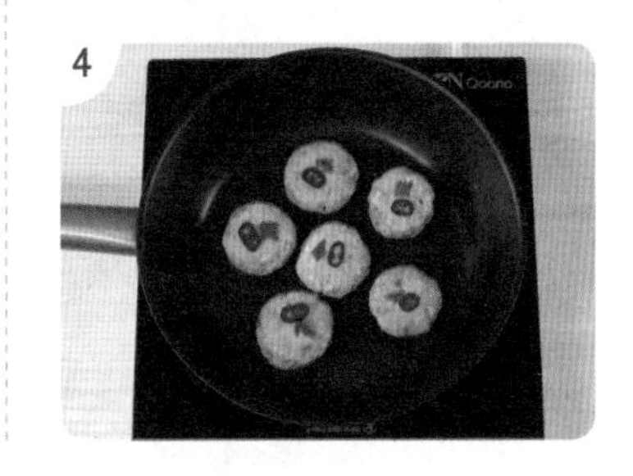

注意事项

如果牛肉上有血水渗出，要用洗碗巾擦干后再使用。这样做出的饼才可以呈金黄色，且不会有特殊的味道。

比冻明太鱼更醇正的煎带鱼

分量：2~3人份

烹饪时间：20分钟

难易度：初级

“带鱼和其他鱼肉相比，腥味小，味道清淡，煎着吃也很美味。直接使用处理好的仅剩鱼肉的带鱼，不费吹灰之力就可以做出方正美观的煎带鱼。”

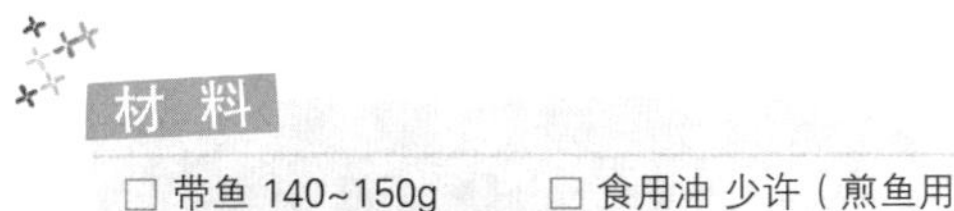

材料

- □ 带鱼 140~150g
- □ 食盐 适量
- □ 胡椒粉 适量
- □ 面粉 1/3杯
- □ 鸡蛋 2个
- □ 食用油 少许（煎鱼用）
- □ 柠檬汁 1大勺（或食醋 1大勺）

| 酱醋汁 |

- □ 水 1大勺
- □ 酱油 2大勺

制作指南

1. 将带鱼切成4cm的长段，撒上盐和胡椒粉调味。把鸡蛋打入碗中搅拌成鸡蛋液。

   tip 在家处理带鱼再切成鱼片太麻烦，直接买仅剩鱼肉的冷冻带鱼做起来比较方便。

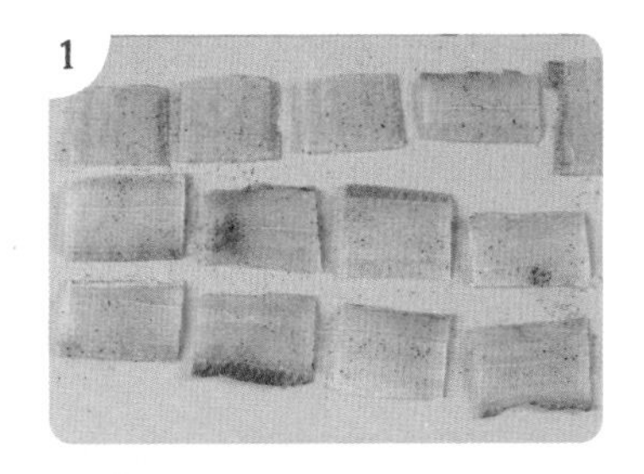

2. 带鱼前后两面都裹上面粉，抖掉多余的干粉后浸入鸡蛋液中。把酱醋汁材料倒在一起制作酱醋汁。

3. 向热好的锅中倒入食用油，把浸在鸡蛋液中的带鱼放入锅中煎至金黄后，和酱醋汁一起装盘即可。

   tip 撒上少许黑芝麻点缀，看起来更美观。

老少皆宜的杏仁烤鱼

分量：2人份

烹饪时间：30分钟

难易度：中级

"杏仁烤鱼是用香香脆脆的杏仁搭配清淡柔嫩的鱼肉制作而成，老少皆宜。"

材料

- □ 杏仁 1/4杯（35g）
- □ 鸡蛋 2个
- □ 鲜鱼肉 300~400g
- □ 食盐 1/4小勺
- □ 胡椒粉 适量
- □ 面粉 4大勺
- □ 食用油 少许（烤鱼用）

制作指南

1. 把杏仁切碎，鸡蛋打入大碗中搅拌成鸡蛋液。

2. 把鲜鱼肉切成适当大小，用洗碗巾擦去水分，撒上盐、胡椒粉腌渍。

3. 将鱼肉前后两面都裹上面粉，抖掉多余的面粉，浸入鸡蛋液中。

4. 鱼肉两面都沾上杏仁碎，热好锅后倒入食用油，把鱼肉倒入炸至金黄。

tip 每面各炸2分钟。

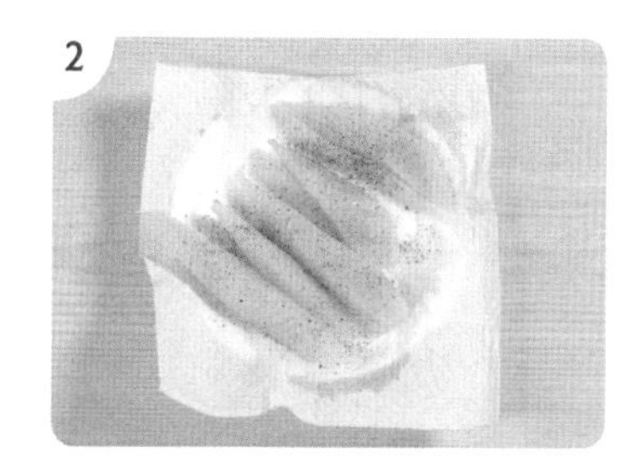

2

3

4

注意事项

鲽鱼、明太鱼、鳕鱼等油性小，较清淡，可搭配蔬菜做成沙拉。

南大门市场的味道，微咸的炖带鱼

- 分量：2人份
- 烹饪时间：20分钟
- 难易度：中级

“有时候会想起在（首尔）南大门吃过的有些很咸的炖带鱼。想起那个味道时，就想要在家轻松地做出来。虽然里面咸津津的炖萝卜也很美味，但如果把米饭泡入鱼汤里一起吃，味道堪称一绝。”

材料

□ 带鱼 半条（200g）	□ 水 1杯	□ 蒜末 1大勺
□ 萝卜 2段（100g）		□ 鲜辣椒 1个（切碎）
□ 洋葱 1/2个（切丝）	**| 调味酱汁 |**	□ 胡椒粉 适量
□ 红辣椒 1/2个（斜着切丝）	□ 水 2大勺	□ 芝麻 1小勺
□ 大蒜 2瓣（切片）	□ 酱油 2大勺	
□ 5cm长的大葱 1节（切片）	□ 辣椒粉 1/2大勺	

制作指南

1. 把带鱼洗干净，用刀切去鱼鳍。萝卜切成2cm厚的银杏树叶状，洋葱切丝。

2. 把调味酱汁材料倒入碗中搅拌均匀。

3. 把萝卜铺在平底锅底部，上面放上带鱼、洋葱，淋上调味酱汁，倒入足量水，再撒入大葱、红辣椒、蒜片，辣椒粉，中火煮。

4. 中火加热后，改小火煮，如果带鱼表面的调味酱汁煮干后，则淋上鱼汤继续煮，使得萝卜和带鱼可以充分入味。最后，撒上芝麻。

注意事项

挑选没有去掉银色表皮、肥肥的、肉比较结实的带鱼。如果想做成麻辣带鱼，可以切1个辣椒放进去。

嫩如奶油的蒸鲽鱼

分量：2人份

烹饪时间：30分钟

难易度：中级

"蒸过之后的鲽鱼肉质像奶油一样柔嫩，非常美味。不用油炸，卡路里含量低，蛋白质含量丰富，很适合减肥时享用。"

材料

□ 鲽鱼 2条	**| 调味酱汁 |**	
□ 清酒 1大勺	□ 酱油 2大勺	□ 胡椒粉 适量
□ 食盐 1/2小勺	□ 蜂蜜 1/4小勺	□ 芝麻 1小勺
□ 胡椒粉 少许	□ 香油 1小勺	
□ 辣椒丝 少许	□ 3cm长的大葱 1段（切碎）	
	□ 蒜末 1小勺	

制作指南

1. 鲽鱼淋上清酒，两面都撒上盐、胡椒粉后，放入热气腾腾的蒸锅中蒸10分钟。

2. 把酱油调味材料倒在一起搅拌均匀。

3. 把第1步中蒸好的鲽鱼盛入盘中，放上调味酱汁，撒上辣椒丝即可。

1

2

注意事项

鲽鱼肉质柔嫩易碎，因此要将鲽鱼盛入银箔纸或碗里，再放入蒸锅蒸熟，这样取出来的时候鱼肉不会碎。

用牙签在银箔纸上扎几个洞，使蒸汽更容易进入，鱼肉中的水分也可以透过小孔蒸发出来，这样可以既干净又快速地把鱼蒸熟。

色味俱佳的鱼肉沙拉

分量：2人份

烹饪时间：20分钟

难易度：中级

"将清淡、香喷喷的鱼肉做成沙拉也非常美味。选用腥味较小的鱼肉即可做出色味俱全的沙拉。"

材料

- □ 培根 1条
- □ 红色小西红柿 6个
- □ 黄色小西红柿 6个
- □ 鲜鱼肉 150~200g
- □ 食盐 适量
- □ 胡椒粉 少许
- □ 面粉 1大勺
- □ 食用油 少许（煎炸用）
- □ 谷物面包 2片
- □ 橄榄油 少许
- □ 莴苣 2~4片

| 调味酱汁 |

- □ 橄榄油 3大勺
- □ 柠檬汁 2大勺
- □ 干罗勒 1/4小勺
- □ 食盐 适量
- □ 胡椒粉 少许

制作指南

1. 培根切成1cm宽的丝，小西红柿切成四等份，莴苣撕成较大的碎片。

tip 可以用青叶生菜、圆生菜或苣菜代替莴苣。

2. 鱼肉撒上盐和胡椒粉后，裹上一层面粉。抖掉多余的面粉，向热好的锅中倒入食用油，把鱼肉倒进去炸至金黄。

tip 可用熏三文鱼、烤金枪鱼或金枪鱼罐头代替鲜鱼肉。

3. 把培根放入热油锅炸过之后捞出，放在金属架上控去油水。

4. 向预热好的锅中倒入橄榄油，把面包放入锅中炸至金黄。

tip 也可以用普通面包或长棍面包代替谷物面包。

5. 将切好的小西红柿、莴苣盛入盘中，把炸好的鱼肉用手撕成适当大小放入盘中。

6. 把调味汁材料搅拌均匀制成调味汁。将烤好的面包用手撕碎后放入盘中，再放入培根，最后淋上调味酱汁即可。

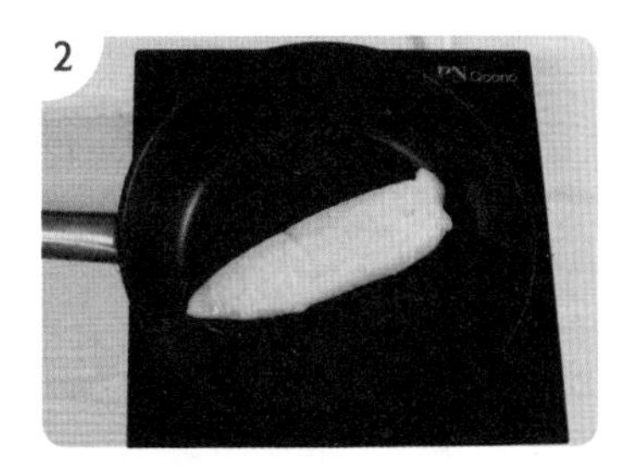

2

5

6

注意事项

柠檬汁是用削皮机去除柠檬皮上面黄色的部分之后制成的。如果喜欢柠檬香味可以加一些柠檬汁调味。

一口即入的蒸明太鱼

- 分量：2人份
- 烹饪时间：30分钟
- 难易度：中级

"如果很喜欢吃蒸明太鱼，却因为在家做起来太过复杂而从未尝试做过，那么可以试着用煎炸专用的冷冻明太鱼制作简单的蒸明太鱼。用这种方法，一口即入的蒸明太鱼不仅吃起来方便，做起来也简单。"

材料

☐ 煎炸用冻明太鱼 200g	☐ 水芹 1把（50g）	☐ 清酒 1大勺	☐ 香油 1/2小勺
☐ 5cm长的大葱 1段		☐ 辣椒酱 1大勺	
☐ 青辣椒 1个	**I 调味汁 I**	☐ 辣椒粉 3大勺	**I 水淀粉 I**
☐ 红辣椒 1个	☐ 水 1/4杯（60ml）	☐ 鲜辣椒 1/2个（切碎）	☐ 淀粉 1大勺
☐ 食用油 少许（煸炒用）	☐ 老抽 1大勺（朝鲜酱油）	☐ 蒜末 1大勺	☐ 水 1大勺
☐ 黄豆芽 3把（100~150g）	☐ 酱油 1大勺	☐ 胡椒粉 少许	

制作指南

1. 青辣椒、红辣椒、大葱斜着切丝，黄豆芽洗干净，水芹切成5cm的长段。制作水淀粉。把调味汁材料倒入另一个碗中搅拌均匀。

2. 向预热好的锅中倒入食用油，倒入黄豆芽煸炒1分钟后，放入水芹再炒1分钟。

3. 把调味汁和大葱、辣椒一起倒入黄豆芽中拌匀，倒入少许水淀粉调节黏稠度。煮熟后关火。

4. 把冻明太鱼放入热气腾腾的蒸锅中蒸5~7分钟后盛入盘中，再放上做好的黄豆芽即可。

相得益彰的明太鱼莲藕煎饼

分量：2人份

烹饪时间：40分钟

难易度：中级

"这道明太鱼莲藕煎饼，既能吃到咔嚓脆的莲藕，又能吃到美味的香煎明太鱼，让人总想吃个不停。"

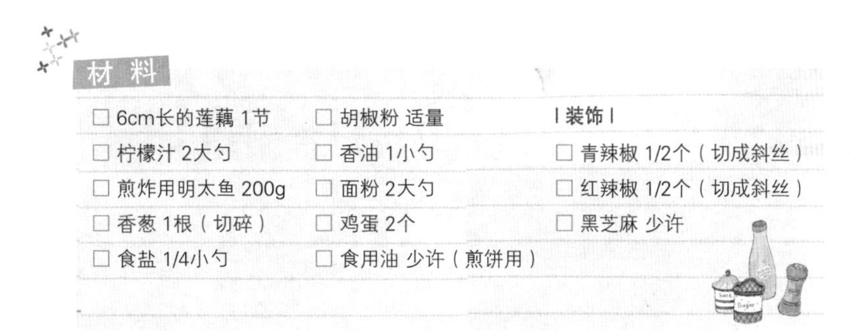

材料

□ 6cm长的莲藕 1节	□ 胡椒粉 适量	**I 装饰 I**
□ 柠檬汁 2大勺	□ 香油 1小勺	□ 青辣椒 1/2个（切成斜丝）
□ 煎炸用明太鱼 200g	□ 面粉 2大勺	□ 红辣椒 1/2个（切成斜丝）
□ 香葱 1根（切碎）	□ 鸡蛋 2个	□ 黑芝麻 少许
□ 食盐 1/4小勺	□ 食用油 少许（煎饼用）	

制作指南

1. 莲藕切成5mm的薄片，将柠檬汁放入沸水中后，倒入藕片煮2~3分钟。

   tip 放入少许柠檬汁是为了去除藕片上特有的生涩味道，也可用1小勺醋代替。

2. 把明太鱼放入搅拌机中搅碎，放入切好的香葱、盐、胡椒粉、香油搅拌均匀。

   tip 如果没有搅拌机，把明太鱼放入微波炉烤熟后，用叉子捣碎即可。也可以用其他煎炸专用鱼肉代替。

3. 把煮好的莲藕片两面都裹上面粉，然后将藕片其中一面抹上明太鱼，再裹上薄薄的一层面粉，浸入鸡蛋液中。

4. 锅热好后倒入食用油，倒入莲藕，待藕片浮上来后，撒上辣椒和黑芝麻点缀。两面各炸2~3分钟，炸至金黄后捞出即可。

1

3

4

养胃的黄花鱼山药煎饼

- 分量：2~3人份
- 烹饪时间：40分钟
- 难易度：中级

"山药易分泌滑滑的黏液，但补脾健胃，是数一数二的健康食材。对身体极好的山药搭配黄花鱼一起切碎煎成饼，香嫩可口，独具特色。而且山药煎熟后，滑感会减弱，这样对于山药滑腻的反感度也可以减轻。"

材料

□ 干黄花鱼 2条	□ 鲜辣椒 1个（切碎）	□ 食用油 少许（煎饼用）	□ 5cm长的方海带 1张
□ 山药 2块（200g）	□ 香油 1小勺		□ 洋葱 1/2个
□ 食盐 适量	□ 胡椒粉 适量	**I 柠檬酱汁 I**	□ 香菇 2个
□ 洋葱 1/4个（切碎）	□ 芝麻 少许	□ 水 1/4杯（60ml）	□ 辣根 1小勺
□ 胡萝卜 1/4个（切碎）	□ 鸡蛋 1个	□ 酱油 1/4杯（60ml）	□ 蒜 2瓣
□ 蒜末 1大勺	□ 糯米粉 3大勺	□ 柠檬汁 2大勺	

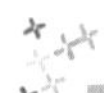

制作指南

1. 干黄花鱼炸熟或蒸熟后，剔刺去骨留下鱼肉，和山药一起倒入搅拌机中搅碎。

1

2. 把搅碎的干黄花鱼和山药、洋葱、胡萝卜、蒜、鲜辣椒、香油、盐、胡椒粉一起倒入碗中搅拌均匀。

3. 把芝麻、鸡蛋倒入第2步中搅拌均匀后，再放入糯米粉。

3

tip 放入糯米粉可以使浆糊变得黏稠一些。

4. 向预热好的锅中倒入食用油，将面糊用勺子一勺勺地舀入锅中，两面炸至金黄后盛入盘中，搭配上柠檬酱汁即可。

4

tip 柠檬酱汁的制作方法可以参照23页。

tip 煎饼上面撒上青辣椒丝和红辣椒丝点缀，看起来更加美观。

注意事项

山药富含各种营养成分，可以促进身体营养均衡。而且作为低热量、低脂肪食品，也有利于减肥。害怕肥胖的人不必有负担。

干明太鱼的创新吃法——香煎明太鱼

- 分量：2人份
- 烹饪时间：50分钟
- 难易度：中级

"香煎明太鱼是韩国咸镜道地方的特色美食，即把干明太鱼抹上酱汁，裹上一层鸡蛋煎着吃。酱汁与干明太鱼完美搭配，可以享受到明太鱼特有的味道。"

材料

□ 干明太鱼 2条	**| 调味酱汁 |**	
□ 糯米粉 3大勺	□ 酱油 2大勺	□ 姜粉 1/4小勺
□ 鸡蛋 2个（打入碗中备用）	□ 蜂蜜 1/2大勺	□ 芝麻 1小勺
	□ 胡椒粉 少许	□ 香油 1小勺
□ 食用油 少许（煎鱼用）	□ 3cm大葱 1段	
	□ 蒜末 1大勺	

制作指南

1. 干明太鱼去头，剔除刺和鱼鳍，用刀在有皮的那一面浅浅地划几刀，切成4~5cm大小的鱼段，盛入大碗中。倒入足量水浸泡10分钟后捞出控干。

tip 用刀在鱼上面划几刀可以防止鱼肉干瘪。

2. 把调味酱汁材料混合均匀，制作调味酱汁，抹到明太鱼上腌制30分钟。

3. 将明太鱼两面都蘸上糯米粉，裹上一层鸡蛋液。向预热好的锅中倒入食用油，放入明太鱼煎至两面金黄后捞出。

tip 如果明太鱼块翘起来不太容易煎，可以用锅铲压住之后再煎。

1

2

3

香辣鲜脆的凉拌生鱼片

分量：2人份

烹饪时间：20分钟

难易度：中级

"在饭店里吃过的凉拌生鱼片也可以在家里做着吃。在比目鱼或石斑鱼中放入蔬菜，加一些调味料生拌即可，在家也能享受这道美味。"

材料

- □ 比目鱼片（或石斑鱼片）
- □ 洋白菜叶 2片
- □ 洋葱 1/2个
- □ 胡萝卜 1/2个
- □ 营养菜 1把
- □ 苏子叶 10片
- □ 飞鱼籽 3~4大勺
- □ 香油 1大勺
- □ 芝麻 1小勺
- □ 柠檬片 1~2片（装饰用）

| 调味酱 |

- □ 辣椒酱 3大勺
- □ 梅子 1小勺（可省略）
- □ 柠檬汁 2大勺
- □ 蜂蜜 1小勺
- □ 辣椒粉 1小勺
- □ 蒜末 1小勺
- □ 2cm长的大葱 1段（切碎）
- □ 姜粉 1/4小勺
- □ 辣根 1/2小勺
- □ 清酒 1/2小勺

制作指南

1. 把调味酱材料混合均匀，制作调味酱。
2. 洋白菜、洋葱、胡萝卜切丝，营养菜切成4cm的长条。
3. 把比目鱼片和第2步中的蔬菜放入碗中，倒入做好的调味酱搅拌均匀，再洒上香油和芝麻拌匀。
4. 把苏子叶铺在盘子上，盘子周围摆上飞鱼籽，可以半小勺半小勺地分开放，最后把凉拌生鱼片倒在盘子中间，装饰上柠檬片，就完成了。

如果买不到像线一样的营养菜，可以用半把韭菜来代替。

1

2

3

注意事项

放入调味酱拌匀后，如果长时间放置就会产生水分，因此最好吃之前再搅拌。把比目鱼放入盛有飞鱼籽的苏子叶上面，可以裹成饭团食用。还可以把烤紫菜切成适当大小，搭配饭团一起食用，也非常美味。

入口即化的香煎干贝

分量：2人份

烹饪时间：30分钟

难易度：初级

"把味道独特的干贝切成薄片后摊成煎饼，吃起来软软的非常美味。重点是不要煎太久，以防干贝变硬。"

材料

- □ 大的干贝（江珧柱）4个
- □ 食盐 适量
- □ 胡椒粉 适量
- □ 糯米粉 2大勺
- □ 鸡蛋 1个（打碎放入碗中备用）
- □ 食用油 少许（煎炸用）
- □ 水 1大勺

| 酱醋汁 |

- □ 酱油 2大勺
- □ 柠檬汁 1大勺

制作指南

1. 把干贝外围包裹薄膜撕掉洗干净后，切成8mm厚的片状，然后用刀在干贝上面划几刀，撒上盐、胡椒粉腌渍。

2. 将干贝裹上一层糯米粉后抖掉多余的面粉，再裹上一层鸡蛋液。热好锅后倒入食用油，把干贝放入炸至两面金黄。酱醋汁拌匀后和干贝饼一起装盘即可。

tip 如果想吃更软的干贝饼，可以把干贝上面白色的部分去掉之后再煎炸。如果用扇贝代替干贝，煎出来的饼更加柔嫩。

1

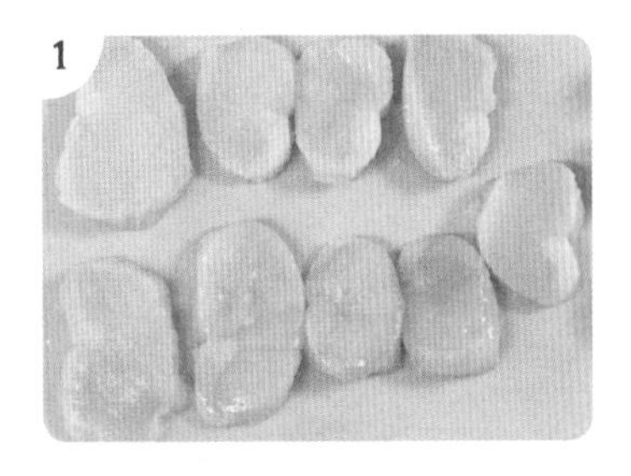

2

注意事项

干贝学名为瑶柱或闭壳肌，俗称贝柱或江珧柱。所谓干贝肉，指的就是紧贴在壳里面，使外壳一张一合的肌肉，呈圆柱形。扇贝或江珧干贝个头大且美味，做料理时经常会用到。特别是扇贝，鲜嫩可口，经常被用于各类料理。

丰盛的海鲜葱油饼

- 分量：2人份
- 烹饪时间：30分钟
- 难易度：中级

“第一次吃海鲜葱油饼是在庆熙大学前面一个有名的饭店中。由于太过美味，以至于每次做海鲜葱油饼的时候都会想到当时的情景。下雨天更是如此。把饼做成近似长方形，不仅吃着方便，看着也美观。”

材 料

- □ 鱿鱼 1条（75g）
- □ 大虾 6只（75g）
- □ 壳菜 1/3杯（75g）
- □ 香葱 1根
- □ 红辣椒 1个（切丝）
- □ 青辣椒 1个（切丝）
- □ 食用油 少许（煎炸用）

| 面糊 |

- □ 面粉 1杯（150g）
- □ 糯米粉 1/2杯（85g）
- □ 淀粉 2大勺
- □ 鸡蛋 1个
- □ 水 1杯（250ml）

| 调味酱汁 |

- □ 酱油 4大勺
- □ 水 1大勺
- □ 柠檬汁 1大勺
- □ 蒜末 1大勺
- □ 香葱 1根（切碎）
- □ 辣椒粉 1/2小勺
- □ 芝麻 1小勺
- □ 香油 1大勺

制作指南

1. 鱿鱼去皮，切成适当大小。在虾的背部插入牙签，剔除内脏，去皮后切成适当大小。

   tip 也可以使用市场上处理好的冷冻海鲜，做起来更加方便。

2. 把面粉、淀粉、糯米粉、鸡蛋、水倒入碗中搅拌均匀，再放入第1步中准备好的鱿鱼、虾、壳菜，拌成面糊。

   tip 如果没有糯米粉，可以使用等量的面粉代替。

3. 平底锅加热，倒入食用油，倒入面糊摊开后，洒上香葱。

4. 面糊上面放上红辣椒和青辣椒点缀后，用铲子压一压饼面，炸至两面金黄即可。最后搭配混合均匀的调味酱汁一起装盘即可。

2

3

4

适合做下酒菜的海螺龙须面拌菜

分量：2人份

烹饪时间：30分钟

难易度：初级

“没有食欲的时候可以尝试一下酸酸辣辣的海螺龙须面拌菜。美味筋道的海螺会令人不自觉垂涎三尺。”

材料

□ 海螺罐头 1罐（200g）
□ 洋葱 1/4个（切丝）
□ 胡萝卜 1/4个（切丝）
□ 黄瓜 1/2个（切丝）
□ 5cm大葱 1节（切丝）
□ 洋白菜叶 1片（切碎）
□ 龙须面 1把（75~80g）
□ 芝麻 1小勺

|调味酱汁|

□ 辣椒酱 2大勺
□ 辣椒粉 2大勺
□ 酱油 1小勺
□ 蒜末 1小勺
□ 2cm大葱 1节（切碎）
□ 姜粉 1/4小勺
□ 柠檬汁 1~2大勺（按照个人口味酌量添加）
□ 梅子 1小勺（可省略）
□ 海螺罐头汤 1大勺
□ 蜂蜜 1/2大勺
□ 清酒 1/2小勺
□ 胡椒粉 少许
□ 香油 1小勺

制作指南

1. 用筛子将海螺罐头中的水分过滤到一个小碗中，把海螺切成适当大小。将海螺罐头汤与其他的调味材料混合均匀，制作出调味酱汁。

2. 将龙须面放入沸水中，煮开后倒入少许冷水继续煮，像这样重复3次后捞出。把龙须面放入冷水中冷却，分成四等份，每一份都拧成类似花朵形状的一小把盛入盘中。

tip 煮面的时候加少许冷水，煮出的面更加筋道。

3. 将海螺和切好的蔬菜盛入碗中，淋上调味酱汁搅拌均匀后，倒在龙须面旁边，最后洒上芝麻即可。

Part

6

适合招待客人的美食料理（2）

真鲷鱼排 / 鞑靼三文鱼 / 维希奶油鱼汤 / 菊苣鱼肉沙拉 / 番茄甜椒煎明太鱼 / 培根烤鳕鱼 / 炸鱼薯条 / 番茄酱汁鳕鱼排 / 酸奶酱汁鳕鱼丸 / 鳕鱼菠菜煎饼 / 酱汁三文鱼排 / 纸包三文鱼 / 三文鱼慕斯 / 三文鱼海鲜酸汤 / 香煎三文鱼菠菜饼 / 金枪鱼番茄意大利面 / 金枪鱼沙拉 / 油炸芦笋金枪鱼 / 凤尾鱼绿橄榄意大利面 / 鲈鱼排 / 油炸土豆饼和熏三文鱼 / 帕玛森奶酪烤鱼 / 烤干贝 / 鹰嘴豆虾仁沙拉 / 鱿鱼番茄酱意大利面 / 龙虾橙子沙拉 / 大虾鱿鱼比萨

of know-how
1 Teas. of friends

特色真鲷鱼排

分量：2人份

烹饪时间：40分钟

难易度：中级

“这道美食即使出现在特殊日子的餐桌上也毫不逊色。这道菜把松软的土豆泥和香脆的真鲷鱼排完美结合在一起。美味的真鲷带皮烤制后，香香脆脆，简直是一绝。”

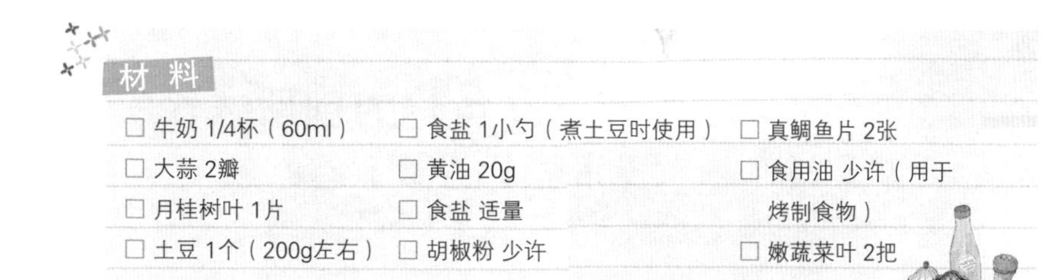

材料

□ 牛奶 1/4杯（60ml）	□ 食盐 1小勺（煮土豆时使用）	□ 真鲷鱼片 2张
□ 大蒜 2瓣	□ 黄油 20g	□ 食用油 少许（用于烤制食物）
□ 月桂树叶 1片	□ 食盐 适量	
□ 土豆 1个（200g左右）	□ 胡椒粉 少许	□ 嫩蔬菜叶 2把

制作指南

1. 把大蒜、月桂树叶倒入牛奶中，小火加热，开锅后关火。盖上盖子稍闷片刻，使大蒜和月桂树叶的香味完全浸入牛奶中。

2. 土豆去皮切块，倒入小锅中，加水没过土豆表面，加1小勺盐，煮15~20分钟。

3. 土豆捞出控水后放入大碗中，加黄油后将其捣碎。

   tip 捣碎土豆时使用土豆捣碎器比较方便。（如图3）

4. 把第1步中的牛奶倒入筛子中，把月桂树叶和大蒜过滤掉，只留牛奶。把牛奶倒入第3步中准备好的土豆里面，加入盐、胡椒粉搅拌均匀。

5. 把真鲷鱼片切成2~3块，将食用油倒入预热好的铝饼铛内，倒入真鲷鱼块，烤至金黄。最后把土豆泥和烤好的真鲷一起装盘，点缀上嫩蔬菜叶即可。

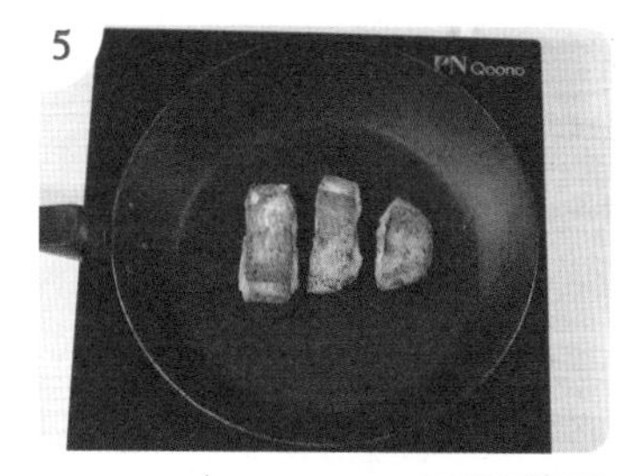

注意事项

生鱼片（fillet）剔除刺和中间的鱼骨，只留肉脯。直接买剔好的生鱼片做起来更加容易。

真鲷作为鲷鱼的一种，热量低且蛋白质含量丰富。虽然真鲷腥味不太重，但鱼鳞大且坚硬，需要剔除后再烹饪。把真鲷做成鱼排食用，也非常美味可口。

法国料理生拌三文鱼片的创新之作

——鞑靼三文鱼

分量：2人份

烹饪时间：20分钟

难易度：初级

"生拌三文鱼片新做法。生拌三文鱼片一般都是搭配拌醋味饭、辣根、酱油、糖醋辣椒酱一起吃。那么就让我们来尝试一下与众不同的三文鱼片吧。"

材料

- □ 鲜三文鱼片 150g
- □ 红皮洋葱 1/4个（切碎）
- □ 续随子花蕾 2大勺（切碎）
- □ 香葱 3根（切碎）
- □ 橄榄油 1大勺
- □ 食盐 适量
- □ 胡椒粉 适量
- □ 柠檬汁 半小勺
- □ 萝卜樱 1把
- □ 柠檬皮 少许（可省略）

制作指南

1. 把鲜三文鱼片切成1cm长的小块，放入大碗中。

tip 可以在超市买现成的三文鱼片，买不到也可用熏三文鱼来代替。

2. 把洋葱、香葱、生鱼片、续随子花蕾、橄榄油、食盐、胡椒粉倒入碗中搅拌均匀。

tip 搅拌均匀后最好腌制一个小时。

tip 橄榄油按个人喜好酌量添加。

3. 吃之前将柠檬汁均匀洒入，再摆上柠檬皮和萝卜缨点缀即可。

tip 提前洒入柠檬汁会改变三文鱼片的味道，吃之前洒最佳。可以根据个人喜好适量添加柠檬汁。

tip 把柠檬放入削皮机内削出的皮更加美观，也可以不使用。

注意事项

鞑靼是指把生肉或生鱼片剁碎，事先调好味或者蘸着调味汁吃的食物。

起源于美国的法式风味维希奶油鱼汤

- 分量：2~3人份
- 烹饪时间：30分钟
- 难易度：初级

"味道绵柔的土豆汤和清淡的鱼完美结合。最好使用腥味较小的鱼肉来做维希奶油鱼汤。这道美食烹饪方法简单且味道可口。土豆汤中不放胡萝卜和鱼也一样美味。"

材 料

□ 鲜鱼肉 110~120g	□ 洋葱 1/4个	□ 4cm长的胡萝卜 1段（50g）	□ 胡椒粉 适量
□ 黄油 1大勺（或食用油）	□ 土豆 2个（500g）	□ 牛奶 半杯（125ml）	□ 面包 1片
□ 5cm长的大葱 4段	□ 鸡汤 2杯（500ml）	□ 食盐 适量	

制作指南

1. 把鲜鱼肉切成4cm长的小块，把大葱、洋葱、土豆、面包切成2cm长的小块。

2. 把水倒入烹饪锅中加热，开锅以后把鱼倒入锅中煮熟。捞出鱼肉放入筛子中过滤。

   tip 也可以选用比目鱼或鳕鱼肉脯。

3. 将黄油、土豆、洋葱、大葱倒入热锅中煮3~5分钟后倒入鸡汤，盖上盖子再煮20分钟左右。

   tip 可以使用同等量的鱼汤或牛肉汤来代替鸡汤。用蔬菜海带汤或水也可以。

4. 土豆煮熟以后用手持搅拌机或者搅拌机搅碎，加入牛奶和胡萝卜，温火煮5分钟。

   tip 可以用生奶油或纯酸奶代替牛奶。

5. 把第2步中的鱼肉倒入锅中，加盐，温火煮5分钟后关火，再加入少许胡椒粉。

6. 向预热好的铝饼铛中均匀洒入食用油，把面包块倒入，炸至金黄后洒入汤中。

4

5

6

注意事项

维希奶油浓汤（vichyssoise）是使用被称作西洋韭菜的韭葱（leek）、洋葱、土豆、奶油以及鸡汤烹饪而成的浓汤。单看名字像是法式料理，但其实这道美食最初是由美国料理师研制而成的。

色泽鲜美的菊苣鱼肉沙拉

分量：2人份

烹饪时间：30分钟

难易度：中级

“菊苣鱼肉沙拉色香味俱全。优雅美观的菊苣清香可口，令人垂涎欲滴。因为它的叶子是凹进去的，正好方便盛放食材，吃起来也比较方便。”

材料

□ 鲑鱼 70g	□ 食用油 适量（用于烤制食物）	□ 火葱 1个
□ 鲜鱼肉 70g		□ 橄榄油 3大勺
□ 菊苣 1朵		□ 食盐 适量
□ 水萝卜 2个	**I 调味汁 I**	□ 胡椒粉 适量
□ 盐腌干酪 适量	□ 柠檬汁 1大勺	
□ 杏仁片 2大勺	□ 蒜末 1大勺	

制作指南

1. 鲑鱼和鲜鱼肉切块，水萝卜切丁。

2. 向预热好的锅中倒入食用油，把切好的鲑鱼和鲜肉倒入锅中，撒上盐和胡椒粉烤焙。

3. 把调味汁倒入碗中搅拌均匀。

tip 火葱长相酷似非常小的洋葱，如果买不到火葱，可以使用1/4个洋葱来代替，切碎后使用即可。

4. 把菊苣撕成一片一片的摆入盘中，再撒上烤好的鱼肉、水萝卜、杏仁片，把盐腌干酪捣碎均匀撒入，最后倒入沙拉调味汁就完成了。

tip 也可以不放盐腌干酪。

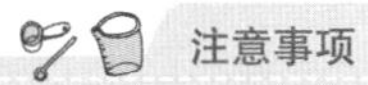

注意事项

通常我们所说的菊苣就是类似白色白菜心的玉兰花，也叫苣荬菜。为了防止苣菜冻坏，人们将其放入地下室中，偶然发现苣菜根上发出了黄色的芽，而菊苣就是用这些黄芽栽培而成的。它比白菜营养价值高，且糖分易于吸收，作为减肥蔬菜，人气非常高。韩国也种植菊苣，因此在大型超市或网上蔬菜购物中心很容易就能买到。

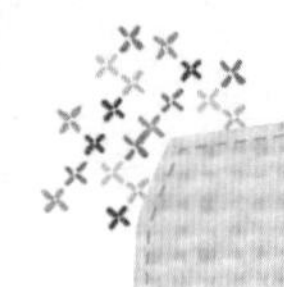

类似微辣的西班牙煎蛋饼

番茄甜椒煎明太鱼

- 分量：2人份
- 烹饪时间：30分钟
- 难易度：中级

“西班牙煎蛋卷是用甜椒和番茄烹饪而成的。而这道美食在煎蛋卷时用冻明太鱼来代替鸡蛋，就变身成为了番茄甜椒煎明太鱼卷。”

材料

□ 洋葱 半个（切丝）	□ 小西红柿 10个	□ 胡椒粉 少许
□ 蒜末 1大勺	□ 番茄酱 半杯（125ml）	□ 冻明太鱼 4~6块
□ 青甜椒 1/2个（切丝）	□ 辣椒粉（或红辣椒粉）	□ 意大利熏 火腿（或切成薄片的火腿）
□ 红甜椒 1/2个（切丝）	□ 食盐 适量	

制作指南

1. 向预热好的锅中倒入食用油，倒入洋葱丝炒至透明，再倒入蒜末、青红甜椒翻炒。

   tip 因为蒜末很容易糊在锅底上，所以不要提前切好，最好用的时候现切。

2. 放入小西红柿、番茄酱、辣椒粉温火煮5分钟。

   tip 煮至蔬菜变软，煸出香味。

   tip 买罐装的番茄酱使用就可以。

3. 倒入冻明太鱼，撒上盐、胡椒粉翻炒均匀，盖上盖子，煮到鱼熟为止。

   tip 也可以选用其他鱼肉。

4. 把火腿放入盘中，摆成一个圆圈，将蔬菜和明太鱼倒入盘中间就完成了。

2

3
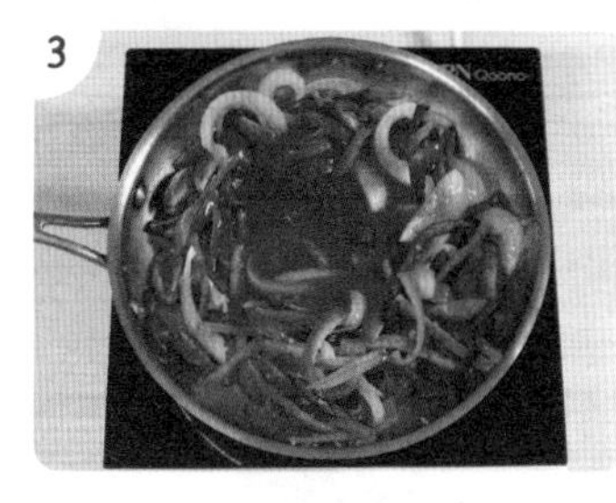

4

注意事项

番茄甜椒炒蛋（piperade）是西班牙巴斯克料理番茄甜椒蛋卷（piperrada）的英式名字。番茄甜椒炒蛋是用熟透的番茄、红甜椒、青甜椒、洋葱、橄榄油、盐和鸡蛋等烹饪而成的西班牙煎蛋卷。上文这道料理中用明太鱼块代替了鸡蛋。

意大利熏火腿（prosciutto）来自意大利，是用盐渍腌制而成的。买那种切好的薄片使用就可以。

质嫩爽口的培根烤鳕鱼

分量：2人份

烹饪时间：30分钟

难易度：中级

“油而不腻的烤培根。香脆的培根搭配清淡的鳕鱼味道鲜美，质嫩爽口，深受男女老少的喜爱。再加入调味酱更加柔嫩可口。”

材料

- □ 鳕鱼 200~250g
- □ 食用油 适量（用于烤制食物）
- □ 培根 2片
- □ 葱末 少许

| 调味酱 |

- □ 黄油 1大勺
- □ 面粉 1大勺
- □ 牛奶 1/2杯（125ml）
- □ 食盐 适量
- □ 胡椒粉 适量
- □ 豆蔻粉 适量

制作指南

1. 把鳕鱼切成适当大小。

2. 向预热好的锅中倒入黄油，中火加热，待黄油融化后放入面粉轻轻翻炒几下。

3. 倒入牛奶不断搅拌，以防面粉凝结出现疙瘩，加入盐、胡椒粉、豆蔻粉煮成较稀的奶油状，调味酱就完成了。

4. 将培根放入油锅中炸至金黄。

   tip 因为培根还要放进烤箱再烤一次，所以不用炸太久。

5. 向预热好的锅中倒入食用油，放入鳕鱼，撒上盐、胡椒粉后不断翻炒至金黄。

6. 把鳕鱼装进烤盘，放上培根，淋上调味酱，放入烤箱中使用快捷功能烤5~10分钟，再洒上葱末即可。

   tip 如果没有快捷功能，可以把烤箱预热至250℃，放在上层烤架上烘焙即可。

3

5

6

注意事项

如果感觉调味酱做起来太麻烦，也可以用生奶油代替。

英国特色炸鱼薯条

- 分量：2人份
- 烹饪时间：40分钟
- 难易度：中级

"炸鱼薯条是英国久负盛名的一道鲜鱼料理，搭配炸薯条烹饪而成。如果搭配香脆的手工炸薯条更加美味。"

材料

| 炸薯条 |

- ☐ 土豆 2个（每个200~250g）
- ☐ 用于炸薯条的葡萄籽油
- ☐ 花盐 少许

| 炸鳕鱼 |

- ☐ 鳕鱼肉脯 2块
- ☐ 食盐 1/4小勺
- ☐ 胡椒粉 适量
- ☐ 面粉 4大勺
- ☐ 鸡蛋 2个
- ☐ 面包粉 1杯
- ☐ 食用油 少许（煎烤用）

| 酱汁 |

- ☐ 蛋黄酱 4大勺
- ☐ 蒜末 1大勺
- ☐ 酸黄瓜块 2大勺

| 装饰 |

- ☐ 意大利欧芹 少许
- ☐ 柠檬 2块

制作指南

*炸薯条（步骤1~3）

1. 土豆去皮后切成6mm粗的长条，放入水中浸泡10分钟去除淀粉，然后控去水分。

   tip 也可以不放入水中浸泡，直接擦去其表面的水分。

2. 把炸土豆条用的油倒入锅中，油高约10cm，加热至160~165℃后，炸4分钟捞出土豆条将土豆分2~3次炸，每次4分钟。

   tip 把土豆条倒入油锅内，如果土豆沉入锅底后立刻飘起来，并咕嘟咕嘟冒气泡，则说明油温正合适。

   tip 炸土豆条的过程中，如果土豆条泛白色且软软糊糊的也无妨。

   tip 炸土豆用的油可以选择葡萄籽油或葵花籽油。

3. 油温升至185~190℃时，把炸过一遍的土豆条倒进油锅再炸4~7分钟，盛入筛子中撒上花盐即可。

   tip 将土豆倒入油锅的时候，如果土豆条立刻漂上来且咕嘟咕嘟冒泡，则说明油温正好。

   tip 在炸土豆的过程中，如果颜色逐渐变金黄且表皮香脆，即使不满4分钟也可以捞出来。

1

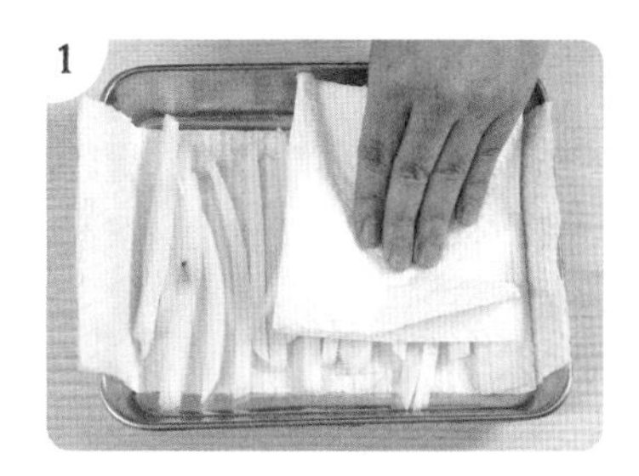

2

3

制作指南

*炸鳕鱼（步骤4~7）

4. 把清洗干净的鳕鱼控去水分，撒上盐、胡椒粉腌制入味。

   tip 最好使用做鱼排专用的鳕鱼鱼脯，如果很难买到也可以用煎炸用的鳕鱼代替。

5. 向面粉中加入少许盐和胡椒粉搅拌均匀，将鱼块裹上面粉，抖掉多余的面粉。把鸡蛋打入碗中，把裹上面粉的鱼块放进去裹上蛋液。

6. 把第5步中的鳕鱼放入面包粉中翻滚，裹满之后用手按压，以防面包粉脱落。

7. 中火热锅后，倒入食用油，约1cm高，把鳕鱼放入油锅炸至金黄。

4

5

6

7

制作指南

8. 把蛋黄酱、蒜末、酸黄瓜块放入碗中搅拌均匀，制作成酱汁。

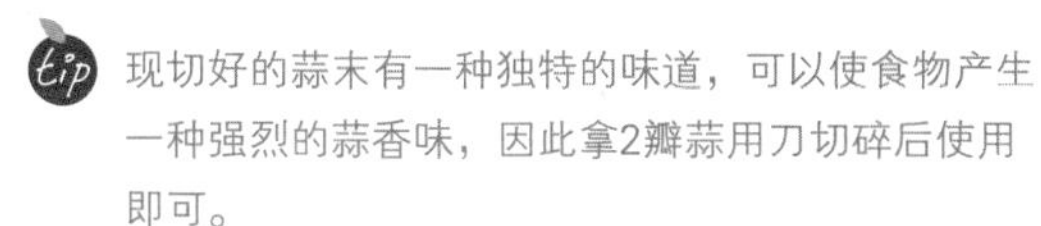

tip 现切好的蒜末有一种独特的味道，可以使食物产生一种强烈的蒜香味，因此拿2瓣蒜用刀切碎后使用即可。

tip 取4~5块酸黄瓜切成小块后放进去即可。

9. 把炸薯条和鳕鱼盛入盘中，撒上少许意大利欧芹，再放上柠檬块点缀。搭配酱汁一起食用即可。

tip 吃之前把柠檬切成小块撒在鳕鱼上面，吃起来更加爽口。

注意事项

炸鱼薯条（fish and chips）是在英国、爱尔兰、澳大利亚、新西兰、加拿大等地非常受欢迎的英国特色料理。久负盛名的英国特色料理炸鱼薯条是将面糊炸的鳕鱼和炸薯条搭配在一起食用。因为炸鱼薯条是可以在店里购买后拿到外面吃的take-away食物，而深受欢迎。因其点好食物或饮料后直接打包带走这一特点，一般都称其为“外带食品”（takeout）。在英国或澳洲等一些使用英语的地方更多地把它称作“take-away”。

清淡的番茄酱汁鳕鱼排

分量：2人份

烹饪时间：40分钟

难易度：中级

"经常用来做意大利面的番茄酱汁搭配清淡的鳕鱼也很美味。如果想吃既简单又美味的西餐，可以尝试一下腥味小且肉质鲜嫩的鳕鱼拌番茄酱汁。"

材料

- □ 煎鱼排用鳕鱼 2块（各200g）
- □ 食盐 1/4小勺
- □ 胡椒粉 适量
- □ 橄榄油 2大勺
- □ 食用油 少许（煎鱼用）
- □ 清酒 80ml（或白葡萄酒）

| 番茄酱汁 |

- □ 食用油 少许（煸炒用）
- □ 洋葱 半个（切碎）
- □ 小西红柿 20个（切成四等份）
- □ 蒜末 1大勺
- □ 干牛至 适量
- □ 干百里香 适量
- □ 胡椒粉 少许
- □ 番茄酱 1大勺
- □ 切好的欧芹 2大勺

制作指南

1. 鳕鱼除去表面水分，撒上盐、胡椒粉，两面都抹上橄榄油。

2. 平底锅中火加热，倒入食用油，放入洋葱煸炒至透明，放入切好的西红柿、蒜、牛至、百里香，加盐、胡椒粉调味后，调成小火，盖上盖子煮5分钟。

3. 取出另一个平底锅，加热后倒入少许食用油，放入鳕鱼煎2~4分钟，根据鳕鱼的厚度适当调整煎炸时间。一面煎熟后翻至另一面，洒上清酒或白葡萄酒增加鱼排香味。煎至两面金黄后捞出，摆放在盘中。

tip 白葡萄酒最好选用甜味较小的干白。

4. 把番茄酱倒入正在煮的西红柿酱汁中搅拌均匀，加盐、胡椒粉调味后，再放入切好的欧芹搅拌均匀。

5. 把番茄酱汁倒入盛有鳕鱼的盘子中就完成了。

1

2

4

注意事项

煎鱼排用的鳕鱼最好去卖进口食品的大型市场买冷冻鳕鱼片。当然也可以买鲜鳕鱼，剔刺去骨，只留鱼肉部分，切成厚厚的鱼片。如果不太容易购买，可以直接买几块煎炸用的鳕鱼代替。

鱼丸？鱼丸！酸奶酱汁鳕鱼丸

- 分量：2人份
- 烹饪时间：1小时
- 难易度：高级

“鳕鱼丸形状圆圆的，类似鱼丸。微辣风味的酸奶酱汁鳕鱼丸，减轻了鱼丸的油腻感，再搭配酸奶酱汁一起食用更加爽口。”

- □ 煎鱼专用鳕鱼 230g
- □ 鸡蛋 1个
- □ 牛奶 1/4杯（60ml）
- □ 红辣椒 1个
- □ 面粉 1/2杯（80g）
- □ 洋葱 1/2个（切碎）
- □ 蒜末 1大勺
- □ 香葱 4根（切碎）
- □ 食盐 1/4小勺
- □ 胡椒粉 少许
- □ 葡萄籽油 适量

| 酸奶酱汁 |

- □ 纯酸奶 1/3杯（80ml，1罐的量）
- □ 柠檬汁 1小勺
- □ 切好的欧芹 1大勺
- □ 蒜末 1小勺

1. 把鳕鱼放入水中煮熟后捞出，放入搅拌机中，加牛奶、鸡蛋、红辣椒搅碎。

   tip 如果没有搅拌机，用叉子把鳕鱼肉捣碎也可以。

2. 把第1步中搅碎的鳕鱼、面粉、切好的洋葱、蒜末、香葱放入大碗中搅拌均匀，加盐、胡椒粉调味。

3. 把第2步中做好的鳕鱼面团团成一个个圆球后，将葡萄籽油倒入锅中，油高10cm左右，加热至180℃，炸3分钟后用筛子捞出控油。

   tip 如果鳕鱼面团太稀，用手不好团，可以用勺子一勺勺地舀到锅里炸。

   tip 如果把面团放入锅中立刻浮上来，且咕嘟咕嘟地冒泡，则说明油温正合适。

4. 把纯酸奶、柠檬汁、切好的欧芹、蒜末放入碗中搅拌均匀后，盛入小碟中，最后把炸好的鱼丸和酸奶酱汁装盘即可。

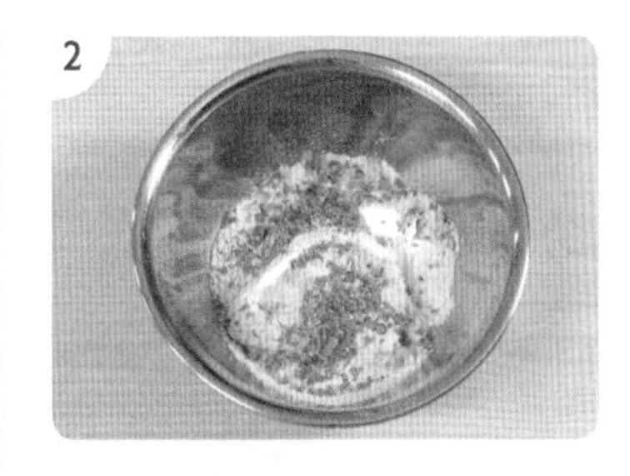
2

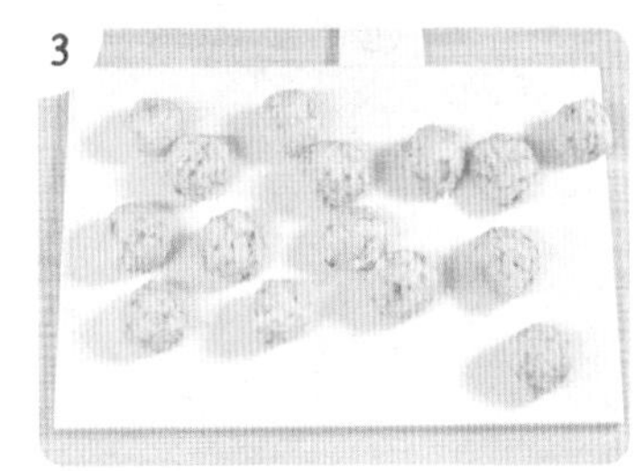
3

可做主食的鳕鱼菠菜煎饼

- 分量：2人份
- 烹饪时间：40分钟
- 难易度：中级

“将鳕鱼菠菜煎饼夹在面包中间做成三明治也非常美味。煎饼里加入一些鱼肉吃起来更加清香醇正。这道美食就是用很容易就能买到的鳕鱼烹饪而成的菠菜煎饼。”

材料

- ☐ 鳕鱼 200g
- ☐ 大蒜 2瓣
- ☐ 胡椒 3粒
- ☐ 菠菜 100g
- ☐ 鸡蛋 4个
- ☐ 洋葱 1/2个（切碎）
- ☐ 香葱 6根（切碎）
- ☐ 蒜末 2大勺
- ☐ 牛奶 1/4杯（60ml）
- ☐ 帕玛森奶酪 4大勺
- ☐ 食盐 适量
- ☐ 胡椒粉 少许
- ☐ 食用油 少许

制作指南

1. 把鳕鱼、蒜片、胡椒放入锅中煮15分钟，待鱼肉变软后捞出去刺捣碎。

tip 也可以选用煎炸专用的鳕鱼，但需把时间调整为5~7分钟。

2. 锅中加水，放1大勺盐，开锅后把菠菜放入沸水中焯2分钟捞出，放入冷水中拔凉后沥干。

3. 把第1步中捣碎的鳕鱼肉、鸡蛋、牛奶、切好的菠菜、洋葱、香葱、蒜、帕玛森奶酪放入大碗中搅拌均匀，加盐、胡椒粉调味。

tip 将奶酪块磨碎后放入食物中会更加美味。可以用科瑞那帕达诺奶酪或格吕耶尔奶酪代替帕玛森奶酪，如果不容易买到，可以购买市面上卖的奶酪片捣碎后使用。

4. 中火热锅，倒入食用油，均匀倒入面糊，待底面呈金黄色，上面微熟时翻面，待另一面也煎至金黄色后装盘即可。

tip 煎时盖上盖子，鸡蛋不会糊，而且能熟透。

油汪汪的酱汁三文鱼排

- 分量：2人份
- 烹饪时间：30分钟
- 难易度：中级

“这道菜适合就着米饭吃。因为这道韩式三文鱼排就像奶汁、黄油一样油脂丰富，因此非常适合那些不喜欢吃西餐的朋友享用。”

材料

- ☐ 做鱼排专用的三文鱼 2块（各150~200g）
- ☐ 食用油 少许（煎鱼用）
- ☐ 杏鲍菇 2个
- ☐ 食盐 适量
- ☐ 胡椒粉 少许
- ☐ 洋葱 1个（切丝）
- ☐ 香葱 1~2根（切碎）
- ☐ 芝麻 适量

| 酱汁 |

- ☐ 大酱 2大勺
- ☐ 清酒 2大勺
- ☐ 酱油 1/2小勺
- ☐ 蒜末 1小勺
- ☐ 蜂蜜 1/2小勺

| 炒蔬菜的作料 |

- ☐ 酱油 1小勺
- ☐ 蚝油 1小勺
- ☐ 香油 1/2小勺
- ☐ 芝麻 适量
- ☐ 蒜末 少许

制作指南

1. 把酱汁用料放入碗中拌匀后均匀涂抹在三文鱼块的两面，覆上保鲜膜，放入冰箱腌制30分钟。

   tip 放入冰箱腌制一晚上更好。

2. 小火热锅后，倒入食用油，把三文鱼两面各炸1分钟，将烤箱预热至220℃，把三文鱼放进去烤7~10分钟。

   tip 也可以不用烤箱，直接把鱼放入平底锅里煎。煎鱼时为了防止酱汁变糊，盖上盖子，用小火煎。

3. 向热好的锅内倒入食用油，放入洋葱丝炒1分钟，煸炒出香味后放入杏鲍菇，撒上盐、胡椒粉调味，再炒2分钟。

   tip 可以根据个人喜好选用其他蘑菇代替杏鲍菇。

4. 洋葱炒至透明后，放入酱油、蚝油稍微炒几下，关火即可。再放入香油、芝麻、切好的香葱搅拌均匀。把烤好的三文鱼和蘑菇盛入盘中，撒上芝麻就完成了。

1

3

4

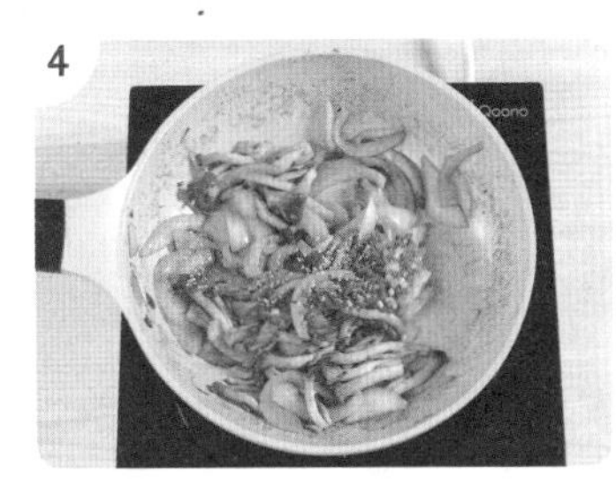

像礼物一样美味有趣的纸包三文鱼

分量：2人份

烹饪时间：30分钟

难易度：中级

“味道清淡的清蒸料理纸包三文鱼。不想吃太过油腻的食物时，可以选择这道用羊皮纸把食物包裹后放入烤箱烘焙的纸包三文鱼。把糖果形状的羊皮纸摆到餐桌上撕开时，热气腾腾的画面也很有趣。”

材料

- □ 三文鱼 2块（150~200g）
- □ 橄榄油 2大勺
- □ 小西红柿 8个
- □ 生罗勒叶 8片（或月桂树叶 2片）
- □ 食盐 1/4小勺
- □ 胡椒粉 适量
- □ 柠檬 1个（挤汁）
- □ 柠檬片 4片
- □ 5cm大葱 1段（切丝）
- □ 大蒜 2瓣（切片）
- □ 羊皮纸 40cm × 40cm（或烧烤铝箔纸）

制作指南

1. 烤箱预热至200℃，把羊皮纸剪成边长为40cm的正方形。

2. 把罗勒叶铺在羊皮纸上，撒上蒜。

   tip 没有罗勒叶，也可以把月桂树叶铺在下面。

3. 三文鱼两面都撒上盐、胡椒粉腌渍，抹上橄榄油后放在蒜上面。

   tip 用鲽鱼、鳕鱼、大头鱼等鱼肉或鸡肉做出来的纸包肉也非常美味。

4. 热好锅后倒入食用油，放入小西红柿炒2分钟左右，炒熟后切成两半放在三文鱼上面，洒上柠檬汁。

5. 小西红柿上面洒上葱白丝，每个纸包内各放2片柠檬片，然后像包糖果一样折起羊皮纸包好。放入预热好的烤箱烘烤12~15分钟，将烤好的三文鱼连同羊皮纸一起放入盘中即可。

   tip 折羊皮纸时把纸来回多卷几下，卷的像绳子一样时抓住两端封好口。

4

5

注意事项

纸包肉（papillote）是指把家禽肉或鱼肉等食材放入牛皮纸里包好后，放入烤箱烘焙，这样可以达到清蒸的效果，而且卡路里含量不高，利于减肥。

高档嫩滑的三文鱼慕斯

分量：2人份

烹饪时间：20分钟

难易度：中级

"如果之前吃面包时只抹果酱或奶油奶酪，那么搭配三文鱼尝试一下新吃法吧。美味的三文鱼慕斯质嫩爽滑，堪称一绝。"

材料

- □ 三文鱼 100g
- □ 食用油 少许（煎鱼用）
- □ 纯酸奶 3大勺
- □ 切好的洋葱 1大勺
- □ 切好的龙蒿 1大勺（或干龙蒿 1小勺）
- □ 柠檬汁 1/2小勺
- □ 食盐 适量
- □ 胡椒粉 少许
- □ 面包 4片

| 调味酱汁 |

- □ 黄油 1大勺
- □ 面粉 1大勺
- □ 牛奶 1/2杯（125ml）
- □ 食盐 适量
- □ 胡椒粉 少许
- □ 豆蔻粉 适量

制作指南

*调味酱汁（步骤1~2）

1. 中火热锅，放入黄油，待黄油融化后放入面粉微炒。
2. 将牛奶倒入面粉中，搅拌至没有面粉疙瘩，放入盐、胡椒粉和豆蔻粉制作调味酱汁。

2

*三文鱼（步骤3~5）

3. 三文鱼切丁，放入热好的油锅中。把煎好的三文鱼和酸奶一起倒入搅拌器搅碎。

   tip 如果家里没有搅拌器，可以用叉子或刀把肉捣碎。

   tip 如果买不到三文鱼，可以用金枪鱼罐头代替，把罐头里的油过滤掉，将肉捣碎后使用即可。

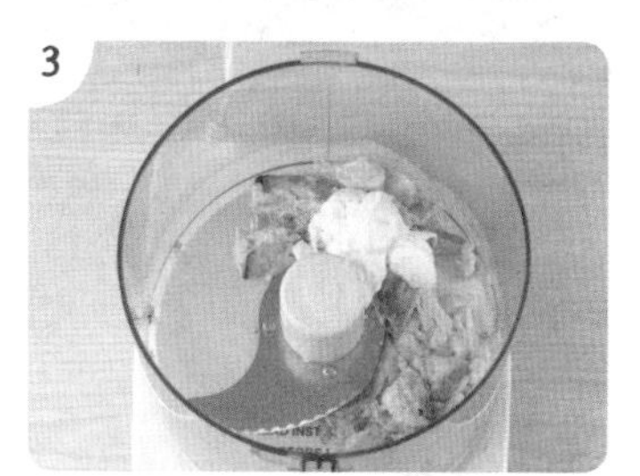

3

4. 把第3步中的三文鱼放入碗中，加入调味酱汁、切好的洋葱、龙蒿、柠檬汁、食盐、胡椒粉调味。

   tip 可以用百里香、小茴香或香葱代替龙蒿。

4

5. 面包放入锅中微炸后捞出，和三文鱼一起装盘即可。

   tip 可以搭配长棍面包或自己喜欢的面包一起食用。

注意事项

三文鱼含有丰富的Ω-3脂肪酸。Ω-3中丰富的DHA是大脑细胞和视网膜的重要构成部分。它可以促进脑细胞生长，向视网膜供给营养，有效保护视力，还可以促进血液循环，减轻疲劳。

慕斯（mousse）作为一种柔嫩黏稠的料理，无论做成甜点还是咸甜点都很美味。慕斯甜点是用打成泡沫的蛋清、奶油、打成泡沫的巧克力或水果酱制作而成，而咸慕斯则是使用鱼或动物肝脏制作而成的。

酸酸的菲律宾浓汤，三文鱼海鲜酸汤

分量：2人份

烹饪时间：50分钟

难易度：中级

"海鲜酸汤味道类似泡菜汤，汤内加入了各种蔬菜和虾，喝起来非常爽口。这道美食可以品尝到既熟悉又新鲜的味道。"

材料

□ 橄榄油 3大勺	□ 土豆 1/2个（100g）	□ 四季豆 1把（50g）
□ 蒜末 1大勺	□ 茎菜 1朵	□ 大虾 2~4只
□ 洋葱 1/4个（切碎）	□ 萝卜 1节（100~120g）	□ 食盐 适量
□ 三文鱼 300g	□ 水 630~700ml	
□ 小西红柿 10个（切成两半）	□ 海鲜酸辣汤粉 2小勺	

制作指南

1. 把三文鱼切成适当大小，土豆去皮切成2cm长的小块，萝卜切块，茎菜四等份，切成长条。

2. 热好锅后倒入橄榄油，放入蒜末和洋葱，将洋葱炒至透明。

tip 提前切好的蒜放入锅中容易糊锅，且有异味，因此准备好1瓣蒜用的时候再切。

3. 把三文鱼倒入锅中，表面炸熟后放入西红柿微炒。

4. 把海鲜酸辣汤粉倒入水中搅拌均匀后，倒入盛有三文鱼的锅中，盖上盖子煮15~20分钟。

tip 海鲜酸辣汤粉很酸，先放一勺尝一下味道，如果感觉不够味再加一勺，再加少许盐调味。

5. 向第4步的锅内放入萝卜、四季豆、土豆再煮10~15分钟，将土豆煮熟为止。

6. 放入茎菜和虾，待茎菜变软、虾熟后加盐调味即可。

3

4

5

注意事项

菲律宾特色海鲜酸辣汤，是一种类似浓汤或煨炖菜的食物。这个汤最大的特点就是非常酸，不仅可以用海鲜做，也可以用鸡肉、牛肉、猪肉做。

不用模具烹饪的香煎三文鱼菠菜饼

- 分量：2人份
- 烹饪时间：2小时
- 难易度：高级

“你是否曾想在家做馅饼，却因为没有工具而放弃了呢？这道美食是不用模具做出的粗制香脆馅饼，不需要其他的工具。香煎三文鱼菠菜饼可以让你感受独具风格的法式早午餐。”

材料

| 油酥面皮 |

- ☐ 高筋粉 1/2杯（175g）
- ☐ 食盐 适量
- ☐ 冻黄油 75g（切块）
- ☐ 鸡蛋 1个

| 调味酱汁 |

- ☐ 黄油 2大勺
- ☐ 面粉 3大勺
- ☐ 牛奶 1杯（250ml）
- ☐ 食盐 适量
- ☐ 胡椒粉 少许
- ☐ 豆蔻粉 适量

| 配料 |

- ☐ 菠菜 100g
- ☐ 三文鱼 100g
- ☐ 熏三文鱼片 4张
- ☐ 食用油 少许（烘烤用）
- ☐ 蓝纹奶酪 少许（或菲达奶酪）
- ☐ 香葱 3根（切碎）

制作指南

*油酥面皮（步骤1~4）

1. 把高筋粉、盐、黄油倒入水中，用手揉到不软不硬的状态，再放入鸡蛋，揉到没有干粉的状态。

2. 把揉好的面团成铁饼状，覆上保鲜膜放入冰箱冷冻30分钟。

3. 烤箱预热至190℃。

4. 用擀面杖把面团擀成饼，用叉子叉满小孔，放入烤箱烤15分钟后取出来冷却。

tip 用叉子在饼上面叉满小孔再放入烤箱烤焙，可防止饼中间鼓起来。

制作指南

*调味酱汁（步骤5~7）

5. 把黄油倒入平底锅加热至融化，倒入面粉搅拌，煸炒到没有干粉的状态。

6. 将牛奶缓慢倒入锅内，用打蛋器把小疙瘩搅拌开，煮到黏稠状态。

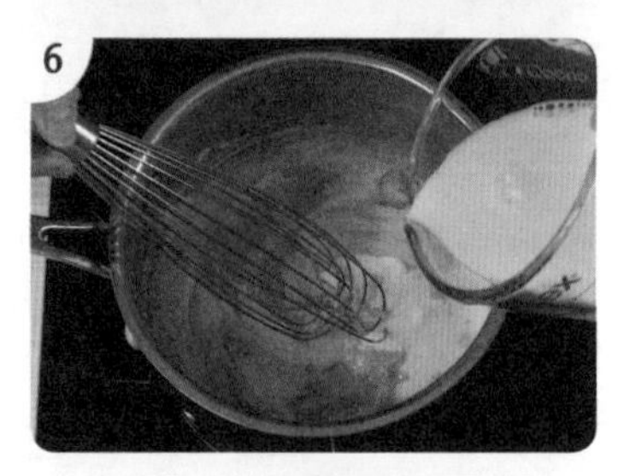

7. 加入盐、胡椒粉、豆蔻粉搅拌均匀后关火，盖上盖子。

*装饰配料（步骤8~9）

8. 将水倒入锅中，加1大勺盐煮沸，把菠菜放入沸水中焯熟后，浸入冷水中拔凉，放入调味酱汁拌匀。

9. 在锅放入食用油加热，将三文鱼块放入锅中煎至两面金黄。

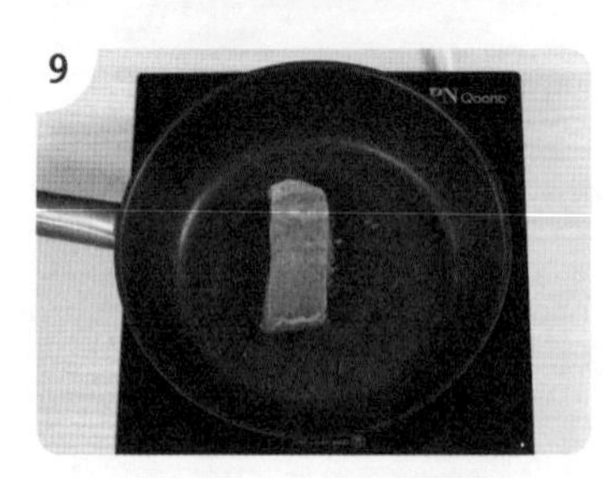

注意事项

馅饼（tart）是用黄油炸至金黄后再放入各种材料食用的法国料理。类似于英国的西式馅饼。简单来说，西式馅饼一般都是直接把馅铺在面皮上面，上层不封口，烤出来的是一种外露式馅饼。

馅的种类繁多，用甜甜的馅做出来的馅饼可以用作餐后甜点，当然也可以用咸馅来做。大家所熟悉的乳蛋饼也是馅饼的一种，大多数咸味馅饼都以此命名。馅饼一般都是用边沿像花一样，底部分离的专用模具烤制而成，如果没有模具也可以像这样简单地做成粗制馅饼。

制作指南

*馅饼

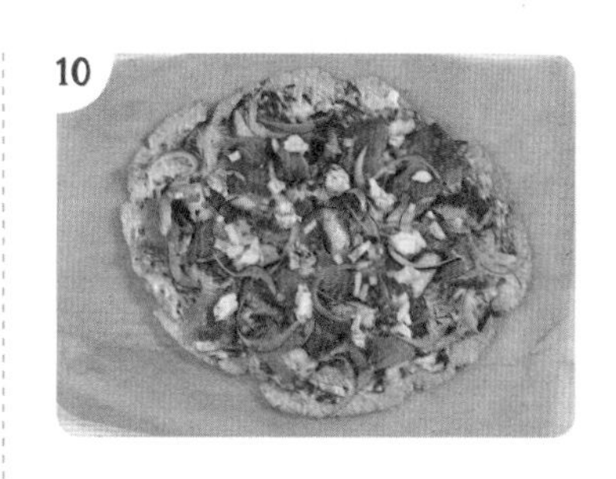

10. 在油酥面皮上面抹上调味酱汁，把煎好的三文鱼用手撕成适当大小，撒在面皮上，再放上熏三文鱼，把蓝纹乳酪用手掰碎后撒在饼上面，最后放上香葱末就完成了。

如果不喜欢蓝纹乳酪，可以换成菲达奶酪或意大利乡村奶酪。当然也可以使用很容易买到的奶油奶酪代替。

脍炙人口的金枪鱼番茄意大利面

分量：2人份

烹饪时间：40分钟

难易度：中级

"在番茄酱汁中加入金枪鱼罐头做出的意大利面口味新鲜独特。金枪鱼番茄意大利面味道亲切熟悉，老少皆宜。"

材料

□ 食用油 少许（煸炒用）	□ 番茄酱 300ml	□ 波纹贝壳状通心粉 250g（或意大利面）
□ 蒜末 1大勺	□ 金枪鱼罐头 100g	
□ 洋葱 1/2个（切碎）	□ 食盐 1大勺（煮面用），食盐少许（酱汁用）	□ 帕玛森奶酪粉 少许
□ 红辣椒 1个（切碎）		□ 切好的欧芹 2大勺
□ 干罗勒 1/2小勺	□ 胡椒粉 少许	

制作指南

1. 把通心粉（意大利面）放入加了一勺盐的沸水中煮，煮好捞出，留汤备用。用筛子把金枪鱼罐头中的油过滤掉。

   tip 确认一下意大利面包装袋上的煮面时间，根据上面的说明准确把握煮面时间。

2. 向热好的锅中倒入食用油，放入切好的洋葱、蒜末，洋葱炒至透明后，放入红辣椒和干罗勒再炒2分钟。

   tip 提前切好的蒜放入锅中容易糊锅，出现异味，因此准备好1瓣蒜用的时候再切。

3. 把番茄酱、金枪鱼罐头倒入第2步的锅中，盖上盖子，小火煮10分钟后，加盐、胡椒粉调味。

4. 把番茄酱汁倒在捞出的意大利面上，加少许煮面的水调节面的柔软度。

5. 加盐、胡椒粉调味后，撒上切好的欧芹和帕玛森奶酪即可。

3

4

5

注意事项

如果感觉番茄酱汁做起来太复杂，也可以直接用市面上卖的意大利面酱汁，放入金枪鱼，制作简易的意大利面。

清淡质嫩的金枪鱼沙拉

分量：2人份

烹饪时间：40分钟

难易度：中级

“这道沙拉将金枪鱼罐头、煮鸡蛋、土豆完美结合，相得益彰。用鸡蛋、土豆、金枪鱼做出的沙拉味道清淡，当作主食吃也可以。”

材料

□ 金枪鱼罐头 60g	□ 洋葱 1/2个（切碎）	**I 沙拉调味汁 I**
□ 土豆 300g	□ 香葱 2根（切碎）	□ 柠檬汁 1大勺+1小勺
□ 鸡蛋 2个	□ 切好的欧芹 1大勺	□ 纯橄榄油 1大勺
□ 青豌豆 1杯（125g）	□ 红辣椒 1/2个（切丝）	□ 食盐 适量
□ 食盐 2大勺		□ 胡椒粉 适量

制作指南

1. 用筛子把金枪鱼罐头中的油过滤掉，土豆去皮。

2. 将去皮后的土豆放入锅中，加水，没过土豆片表面，加适量盐，煮熟。

3. 把鸡蛋放入另一个锅中，加水，没过鸡蛋表面，放1大勺盐，水开之后改小火，再煮12~15分钟。

   tip 鸡蛋和土豆要分开煮，一起煮不太卫生。

4. 把青豌豆倒入滚烫的开水中，加适量盐，煮熟后放入冷水中浸泡。

5. 把煮熟的土豆切成1cm厚的片状，熟鸡蛋也切成薄片。

   tip 用鸡蛋切片机切出的鸡蛋片更美观。

6. 把金枪鱼倒入碗中，用叉子捣碎后放入切好的洋葱、香葱、欧芹搅拌均匀，最后放入土豆片和鸡蛋片。

   tip 做沙拉时如果放入鸡蛋搅拌会使蛋清蛋黄分离，可以先放入一半鸡蛋片拌匀后，再放上另外一半，这样可以保证最上面的一层鸡蛋片完好无损，看起来也比较美观。

7. 沙拉调味汁调好后均匀淋在沙拉上面即可，注意不要破坏鸡蛋片，再点缀上红辣椒丝即可。

4

5

7

色味俱佳的油炸芦笋金枪鱼

分量：2人份

烹饪时间：30分钟

难易度：中级

"炸芦笋含丰富的纤维质和无机物，再搭配超市冷冻区常见的金枪鱼片一起食用，还可以摄取到动物蛋白质。这道菜既简单又可以吃到美味的芦笋和金枪鱼。"

材料

		丨调味汁丨
□ 芦笋 1把（180~200g）	□ 切好的欧芹 1大勺	
□ 食用油 少许（烤制用）	□ 冷冻金枪鱼 200g	□ 橄榄油 3大勺
□ 小西红柿 10个	□ 食盐 适量	□ 柠檬汁 1大勺
□ 黄瓜 1/2个	□ 胡椒粉 少许	□ 食盐 适量
□ 香葱 1根（切碎）		□ 胡椒粉 少许

制作指南

1. 把小西红柿竖着切成四等份，黄瓜去皮去籽后切成小块。

2. 去掉芦笋底部坚硬的部分，热锅热好油后，倒入芦笋，加盐、胡椒粉炒2~5分钟，煸出香味。

   tip 根据芦笋的粗细程度适当调整烹饪时间。

3. 把小西红柿、黄瓜、香葱、欧芹切好备用，调好调味汁。

4. 把金枪鱼放入温水中浸泡10分钟后捞出，控去表层水分，两面都撒上盐、胡椒粉腌制。

   tip 解冻之后如果不去除水分可能会有腥味。

5. 向预热好的锅中倒入食用油，放入金枪鱼，不断翻炸，每20秒翻一次，炸至表面熟透，中间变金黄色即可。

6. 把金枪鱼切成适当大小，摆入盛有芦笋的平盘中，再放上西红柿沙拉点缀。吃之前淋上调味汁即可。

2

5

6

注意事项

鲣鱼半烤主要是指把金枪鱼或鲣鱼表层炸熟，属于鲜鱼料理的一种。

油炸（sauté）是一种烹饪方法，即把食物放入黄油或食用油中快速炸或炒。

咸津津的凤尾鱼绿橄榄意大利面

- 分量：2人份
- 烹饪时间：30分钟
- 难易度：中级

"凤尾鱼味道类似鱼虾酱，做菜时放些凤尾鱼会更加美味。把凤尾鱼和绿橄榄放入橄榄油中炸好后，倒在意大利面上，芳香四溢，色味俱全。偶尔也尝试一下不放调味汁，类似油炸面条的意大利面吧。"

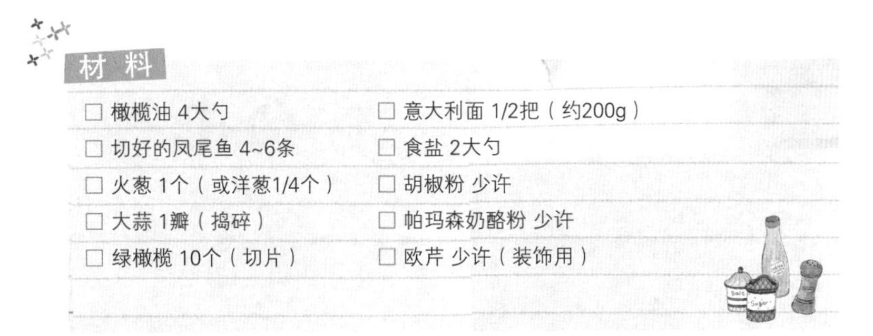

材料

- □ 橄榄油 4大勺
- □ 切好的凤尾鱼 4~6条
- □ 火葱 1个（或洋葱1/4个）
- □ 大蒜 1瓣（捣碎）
- □ 绿橄榄 10个（切片）
- □ 意大利面 1/2把（约200g）
- □ 食盐 2大勺
- □ 胡椒粉 少许
- □ 帕玛森奶酪粉 少许
- □ 欧芹 少许（装饰用）

制作指南

1. 将2大勺盐和意大利面放入沸水中，煮好捞出，煮面的水不要倒掉。

   tip 事先确认好意大利面包装袋上写的煮面时间，准确把握煮面时间。

2. 开火热锅，倒入橄榄油，放入火葱和大蒜煸炒至透明状，挑出大蒜，倒入凤尾鱼煸炒3分钟。

   tip 切4~6条凤尾鱼比较合适。

3. 把绿橄榄和意大利面倒进去搅拌均匀，为了防止面太干，可以加入1~2大勺煮面的水。

   tip 如果面太硬可以加入少许煮面的水，这样可以使面条变得更加紧实有弹性。

4. 关火，撒上帕玛森奶酪粉和胡椒粉后，放上欧芹点缀即可。

1

2

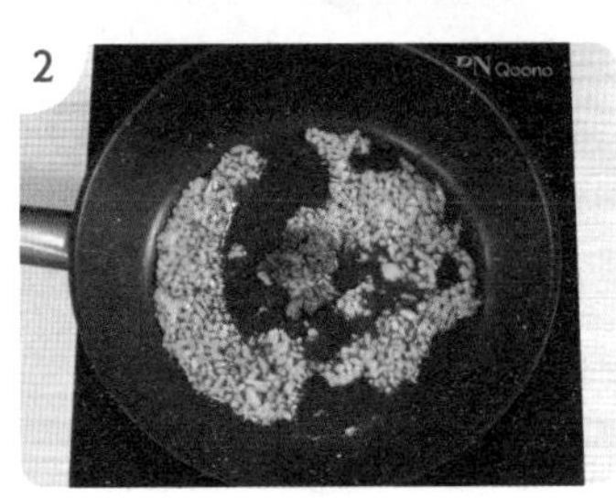

3

注意事项

凤尾鱼（anchovy）属于鳀科鱼类，把鱼处理干净后撒上盐和香辛料后，倒入橄榄油煸炒，味道类似虾酱。很多料理中都会放凤尾鱼，吃起来咸津津的，非常美味。

有些凤尾鱼腥味很重，如果准备做意大利面用，最好挑选腥味较小的凤尾鱼。

火葱是一种长相类似紫皮洋葱的蔬菜，比洋葱味道更细腻。做菜时也可以用1/4个洋葱代替。

用来招待贵客的鲈鱼排

- 分量：2人份
- 烹饪时间：30分钟
- 难易度：中级

"鲈鱼肥润且鱼肉味道鲜美。这道美食选用柔嫩高档的鲈鱼搭配酸酸甜甜的蔓越莓，味道相得益彰。用这道菜来招待客人也毫不逊色。"

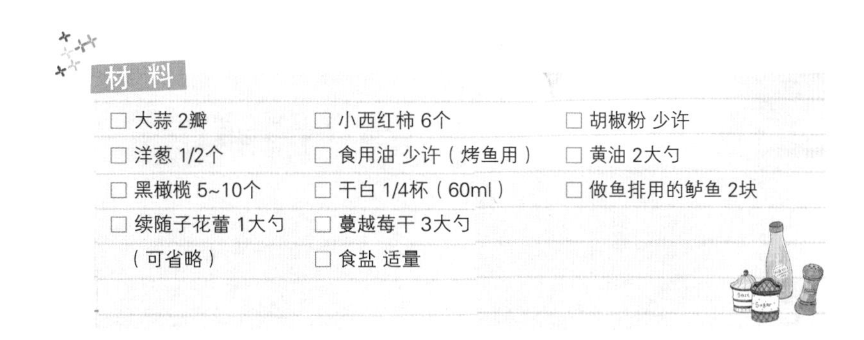

材 料

□ 大蒜 2瓣	□ 小西红柿 6个	□ 胡椒粉 少许
□ 洋葱 1/2个	□ 食用油 少许（烤鱼用）	□ 黄油 2大勺
□ 黑橄榄 5~10个	□ 干白 1/4杯（60ml）	□ 做鱼排用的鲈鱼 2块
□ 续随子花蕾 1大勺（可省略）	□ 蔓越莓干 3大勺	
	□ 食盐 适量	

制作指南

1. 把蒜切碎，洋葱切丝，橄榄切片，续随子花蕾用水洗净后放入筛子中控水，小西红柿切成四等份。

2. 向预热好的锅中倒入食用油，放入洋葱和蒜，将洋葱煸炒至透明状。

2

3. 放入干白、西红柿、黑橄榄、蔓越莓干搅拌均匀，加入盐、胡椒粉调味，搁置备用。

tip 也可以用清酒代替干白。

3

4. 把锅擦干净，倒入黄油加热，待黄油融化后放入鲈鱼，加盐、胡椒粉调味，不断翻炸，每隔2~3分钟翻一次。把炸好的鲈鱼盛入盘中，把第3步中的西红柿等调拌好的配料倒入盘中，最后摆上续随子花蕾点缀即可。

tip 也可以使用超市冷冻鱼区的冷冻鲈鱼片来做这道美食。

4

西式煎饼，油炸土豆饼和熏三文鱼

- 分量：2人份
- 烹饪时间：40分钟
- 难易度：中级

"西餐中经常把土豆和熏三文鱼搭配在一起食用，营养互补，味道鲜香。尝试一下类似煎饼的土豆馅饼配三文鱼吧。"

材料

□ 西葫芦 1/4个（70g）	□ 食盐 适量	**I 酸奶酱汁 I**
□ 大土豆 1/2个（100g）	□ 胡椒粉 少许	□ 纯酸奶 1桶（80ml）
□ 胡萝 卜1/4个（50g）	□ 食用油 适量（煎饼用）	□ 蒜末 1大勺
□ 洋葱 1/4个（50g）	□ 熏三文鱼片 8张	□ 5cm长的黄瓜 1节（切碎）
□ 面粉 2大勺		□ 食盐 适量
□ 切好的欧芹 少许		□ 胡椒粉 少许

制作指南

1. 把西葫芦、土豆、胡萝卜、洋葱用擦丝器上最大的孔擦成丝，盛入碗中，放入面粉、欧芹搅拌均匀，加盐、胡椒粉调味。

2. 向预热好的锅中倒入食用油，把蔬菜糊揉成圆饼状，放入锅中煎熟。

3. 制作酸奶酱汁，馅饼装盘，放上三文鱼，再搭配做好的酸奶酱汁即可。

tip 可以用蛋黄酱、奶油干酪或酸奶油代替酸奶酱汁。

1

2

3

注意事项

馅饼（fritter）类似韩国的煎饼，是用各种各样的材料勾拼好后放入油锅里煎炸的油炸类食物。

鲜嫩的帕玛森奶酪烤鱼

分量：2人份

烹饪时间：30分钟

难易度：中级

"香蕉油炸过后更加香甜。把鱼和香蕉裹上一层奶酪炸过之后，搭配在一起食用，味道更独特，堪称一绝。"

材 料

- □ 生鱼肉 200g（切成长条）
- □ 鸡蛋 1个（黄、清分离）
- □ 黄油 1大勺
- □ 面粉 2大勺
- □ 面包粉 2大勺
- □ 杏仁片 2大勺
- □ 食盐 适量
- □ 帕玛森奶酪粉 2大勺
- □ 柠檬汁 1小勺
- □ 胡椒粉 少许
- □ 不太熟的香蕉 1根

制作指南

1. 把切好的鱼肉沥去表面水分，将面粉、盐、胡椒粉搅拌均匀后裹在鱼块两面，抖掉多余的面粉。
2. 把鱼肉裹上一层蛋清，将面包粉和帕玛森奶酪粉混合均匀后涂在鱼块上。
3. 向热好的锅中倒入食用油，将鱼放入锅中炸至金黄后盛入盘中。
4. 香蕉剥皮后切成2~3cm长的块，取一口干净的锅，加热后放入黄油，待黄油融化并开始冒泡时，放入香蕉片和杏仁片炸至茶色。
5. 将柠檬汁均匀洒在香蕉上后，摆放在鱼肉四周，趁热食用。

tip 最好挑选外皮上面没有黑点、较硬的香蕉。因为熟透的香蕉很容易变软，炸的时候容易碎掉。

1

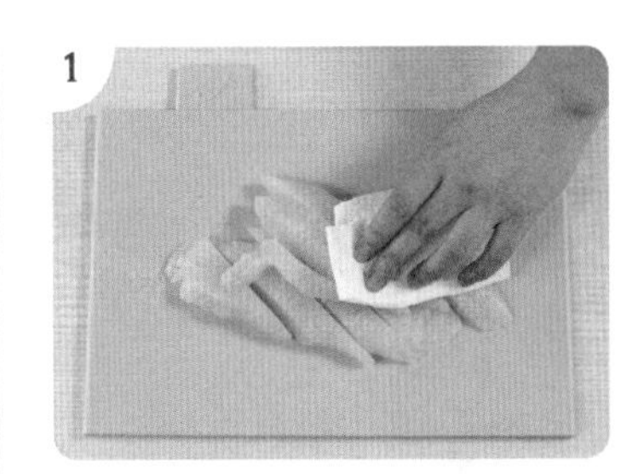

3

4

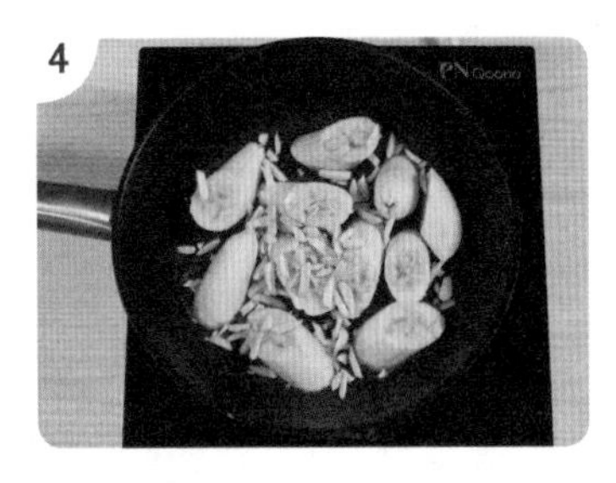

美味佳肴烤干贝

- 分量：2人份
- 烹饪时间：30分钟
- 难易度：中级

"在特殊的日子里，不需要去西餐厅，用味道独特的干贝搭配甜甜的橙汁也能做出美味佳肴。"

材料

□ 干贝 8个	**丨橙汁调味料丨**
□ 培根 8根	□ 砂糖 4大勺
□ 食盐 适量	□ 橙汁 180ml（或橘子汁）
□ 胡椒粉 适量	□ 干白 60ml（或清酒）
□ 食用油（煎炸用）	□ 橙子皮切丝（1个橙子的量）（可省略）

制作指南

1. 把砂糖倒入小锅中，放在火上熬糖浆，待糖浆开始变茶色时倒入橙汁和干白。

tip 最好使用甜味较小的干白，如果没有干白也可以用一般的红酒，少放1勺糖即可。

2. 待第1步中的糖浆量减少到一半，呈黏稠状时关火。完全冷却后放入橙子皮切成的丝。就做成了橙子调味料。

3. 把干贝表面的水分擦去，两面都撒上盐和胡椒粉调味。每个干贝上面都撒少许盐。

tip 如果选用腰子贝，可能会很坚硬，先横着切一条纹再用。

4. 中火加热平底锅，放入培根炸至微黄，沥去油水。

5. 用培根将干贝包起来，插上牙签或签子固定住。

tip 干贝不用培根包裹，直接放在锅里炸好后，淋上酱汁也可以。

6. 向预热好的锅中倒入食用油，将干贝底部炸2分钟后，翻过来再炸2分钟，盛入盘中（根据干贝的大小适当调整煎炸时间）。

7. 干贝四周淋上橙汁调味料就完成了。

tip 也可以搭配蔬菜沙拉食用。

罕见的鹰嘴豆虾仁沙拉

- 分量：2人份
- 烹饪时间：20分钟
- 难易度：初级

“芝麻菜味道微苦，单吃起来很像味道细腻的小萝卜。如果将芝麻菜、美味的虾仁，再搭配上罕见的鹰嘴豆做成异国风味沙拉，就会非常美味。”

材料

□ 干鹰嘴豆 1/4杯（50g）	□ 大虾 8只（150~200g）	□ 柠檬汁 1大勺
□ 小西红柿 10个		□ 食盐 少许
□ 大小适中的洋葱 1个	**| 沙拉酱汁 |**	□ 胡椒粉 少许
□ 芝麻菜 2把（或苣菜）	□ 蒜末 1大勺	
□ 切好的欧芹 1大勺	□ 橄榄油 3大勺	

制作指南

1. 小西红柿切成两半，洋葱切成1cm块状。

2. 把干鹰嘴豆放入碗中，加水浸泡一晚上（10个小时以上），泡胀以后捞出，倒入锅中，加入足量的水煮1小时左右，煮熟后捞出备用。热好锅后倒入食用油，把虾倒进去炸熟。

tip 使用鹰嘴豆罐头做起来更加方便。把鹰嘴豆罐头倒入筛子中，把水过滤掉，取100~150g使用即可。

tip 如果选择用鲜虾来做，要先将虾去头去皮，背面插入牙签去除内脏后使用。直接买冷冻虾仁使用更加方便。

3. 把西红柿、洋葱、切好的欧芹倒入碗中搅拌均匀，制作好沙拉酱汁后倒入1/3到碗里搅拌均匀。

4. 把芝麻菜切成适当大小盛入盘中，淋上1/3酱汁后拌匀，放入鹰嘴豆、小西红柿搅拌，最后将虾均匀铺在上面。

tip 蒜不要提前切好，制作沙拉酱汁时再切。捣碎的蒜有种特殊的味道，放入汤或酱汁中不太合适。

1

2

3

注意事项

鹰嘴豆（chickpea）又名埃及豆，呈淡黄色，表面凹凸不平，一端细尖，形状类似人脸。味道香嫩，做沙拉、小菜、煨汤时经常会用到。鹰嘴豆一般都是晒干之后卖，因此购买后要先放入水中浸泡一晚再使用。或者直接用鹰嘴豆罐头中的鹰嘴豆代替。

芝麻菜（argula）是意大利料理中经常使用到的蔬菜，意大利语为rucola，英语叫pocket。吃起来很像辣味小萝卜，但味道细腻，用来做沙拉很合适。

毫不浪费的鱿鱼番茄酱意大利面

分量：2~3人份

烹饪时间：40分钟

难易度：中级

"用市面上卖的番茄酱代替意大利面酱汁可以做出各种各样更加美味可口的意大利面。筋道美味的鱿鱼搭配意大利面，味道非常鲜美，剩下的酱汁也可以拿来蘸面包吃。"

材料

□ 小鱿鱼 2条（400~450g）	□ 朝天椒 2~3个（或红辣椒 半个）	□ 干罗勒 1小勺（或干百里香）
□ 橄榄油 1大勺（煸炒用）	□ 番茄酱 1杯（250ml）	□ 意大利面 2人份（半把，约200g）
□ 洋葱 1/2个（切碎）	□ 白葡萄酒 1/2杯（125ml，也可用清酒）	□ 食盐 适量
□ 小西红柿 10个	□ 月桂树叶 1片	□ 胡椒粉 少许
□ 蒜末 1大勺		□ 绿橄榄 15个（切片，可省略）

制作指南

1. 把意大利面放入沸水中煮，小西红柿切成两半，橄榄切片。

2. 鱿鱼去除内脏和皮，切成环状，鱿鱼腿切成5cm的长条。

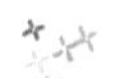
用洗碗巾抓住鱿鱼皮比较好撕，不会滑。也可以直接买处理好的冷冻鱿鱼使用。

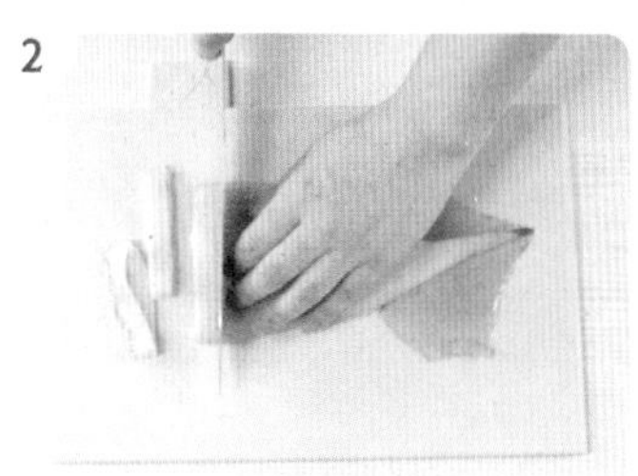

3. 中火热锅后，倒入橄榄油，放入鱿鱼微炸2分钟，倒入盘中。

tip 鱿鱼不要完全炸熟，炸至泛白时马上关火。

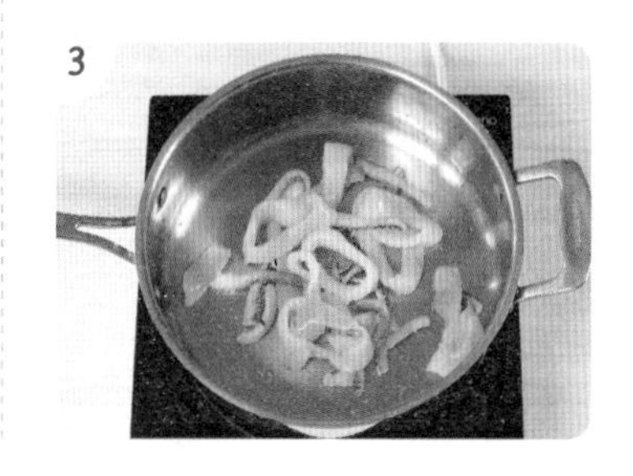

注意事项

可以根据个人喜好选择其他的意大利面，用虾代替鱿鱼烹饪出的意大利面也非常美味。当然也可以不放海鲜，只放番茄酱。

制作指南

4. 用洗碗巾把锅擦干，放入1大勺橄榄油，洋葱炒至透明。

5. 放入蒜末、小西红柿、朝天椒煸炒3分钟后，倒入番茄酱汁，改小火，盖上盖子煮10分钟。

tip 去超市购买罐装番茄酱。如果买不到，也可以使用市面上销售的意大利面酱汁代替。

6. 把炸好的鱿鱼倒入锅中，放入白葡萄酒、月桂树叶、干罗勒后，加盐、胡椒粉调味，盖上盖子煮10分钟。

7. 把月桂树叶捞出来，放入切好的橄榄片后关火。

8. 在另一锅内加水煮沸，加2大勺盐，放入意大利面煮至软硬适中的程度（不要煮得太熟）。

9. 将意大利面捞出，倒入做好的鱿鱼番茄酱汁搅拌均匀。可以放入适量煮面的水调节面的软硬度。

注意事项

朝天椒（peperoncino）是意大利料理中经常使用的辣椒。吃到嘴里火辣辣的朝天椒和韩国辣椒的辣味有所不同。一般都是晒干后出售，像小拇指一样大小。2人份的食物放2~3个朝天椒就足够辣了，可以根据个人口味酌量添加。

5

6

7

8

制作指南

tip 如果选择先煮面，再制作酱汁，可以向意大利面中放入1小勺橄榄油搅拌均匀，这样面不会黏在一起。

10. 把意大利面盛入盘中，搭配香脆的烤面包一起食用即可。

tip 少放一些鱿鱼，不放意大利面，可以做成炖鱿鱼汤。

tip 把意大利面盛入盘中以后，可以撒上掰碎的帕玛森奶酪点缀。

注意事项

意大利面属于面粉类食物，是意大利的主食。意大利面是用硬质小麦做成的。意大利面种类繁多。其中短小且形状多样的短通粉中，有大家所熟悉的通心粉、螺蛳粉、管面、带状蝴蝶结面等。长意大利面包括实心细面、比实心细面还要细的特细面条、扁面条等。

搭配完美的龙虾橙子沙拉

- 分量：2人份
- 烹饪时间：40分钟
- 难易度：初级

"用超市里卖的冷冻龙虾做的沙拉，再搭配上甘甜爽口的橙子，味道鲜美。味道一般且毫无特色的酪梨与其他食材搭配在一起食用也非常美味。"

材料

- □ 冷冻龙虾 1只
- □ 橙子 1个（大的）
- □ 酪梨 1个
- □ 柠檬汁 少许
- □ 香葱 1根（切碎）
- □ 切好的欧芹 2大勺
- □ 橄榄油 3大勺
- □ 食盐 适量
- □ 胡椒粉 少许

制作指南

1. 冷冻龙虾解冻后放入蒸锅蒸5~10分钟。头部和尾部的皮用刀背敲碎后剥出肉，切成适当大小。头部洗干净后放置一旁做装饰用。

   tip 也可以用帝王蟹肉或虾来代替冷冻龙虾。

2. 橙子切去两端后，用刀自上而下把橙子皮切去。尽量把橙子皮全切去，只留下果肉。

3. 把橙子果肉的汁榨出来盛入碗中。

4. 把酪梨用刀绕着中间的核切成两半后，用刀把核拨出来。酪梨去皮后切成1.5cm长的小块，盛入碗中。

   tip 酪梨容易褐变，不要提前切好。不得已的情况下，提前把柠檬汁洒在切好的酪梨块上面可以防止褐变产生。

5. 把香葱、欧芹和榨好的橙汁一起倒入沙拉碗中，倒入蒸熟的龙虾和切好的酪梨，洒上橄榄油，加适量盐、胡椒粉调味，最后洒上柠檬汁，摆上龙虾头即可。

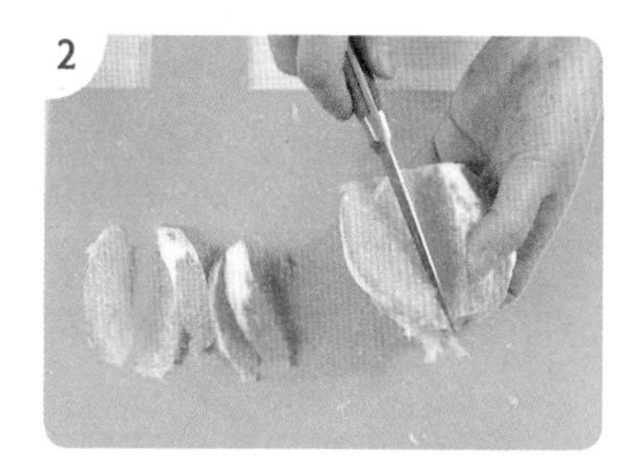

用玉米饼做的大虾鱿鱼比萨

- 分量：2人份
- 烹饪时间：20分钟
- 难易度：初级

"如果想制作比萨，却因比萨面糊太难揉而犹豫不决，可以尝试着用市面上卖的冷冻玉米饼来做。玉米圆饼很薄，可以节省烹饪时间，而且用玉米饼做出来的比萨很美味。"

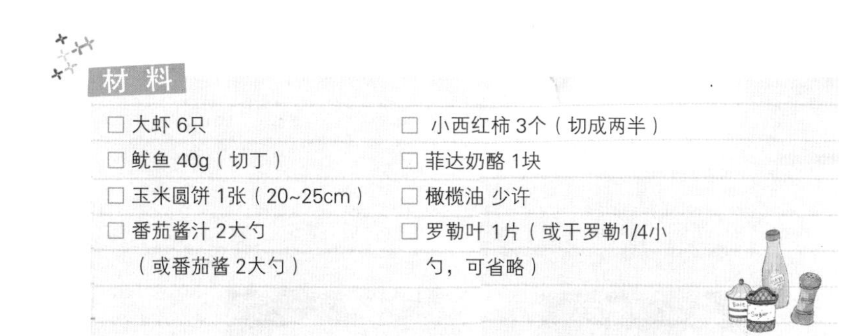

材料

- □ 大虾 6只
- □ 鱿鱼 40g（切丁）
- □ 玉米圆饼 1张（20~25cm）
- □ 番茄酱汁 2大勺（或番茄酱 2大勺）
- □ 小西红柿 3个（切成两半）
- □ 菲达奶酪 1块
- □ 橄榄油 少许
- □ 罗勒叶 1片（或干罗勒1/4小勺，可省略）

制作指南

1. 烤箱预热至200℃。
2. 向预热好的锅中倒入橄榄油，把鱿鱼丁和去皮的虾仁放入炒熟。
3. 玉米饼上面抹上番茄酱，把炒好的鱿鱼和虾仁倒在上面，放上小西红柿，放入预热好的烤箱烘焙10分钟后，撒上菲达奶酪、罗勒叶、橄榄油就完成了。

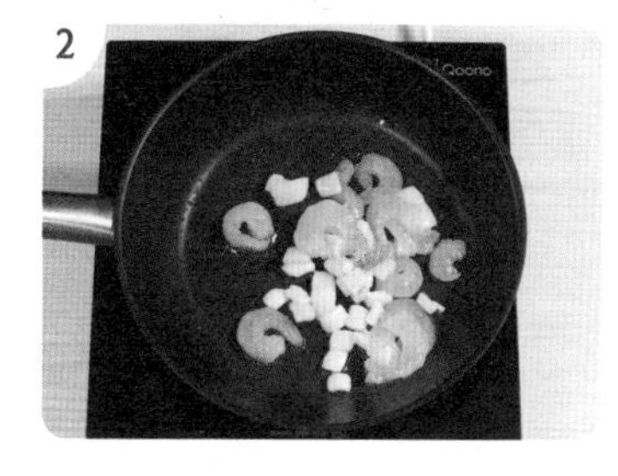

2

3